Gabriel Seitlinger, Irene Welebil

**TIROL SUMMITS**

Impressum

Bibliografische Information der Deutschen Nationalbibliothek
Die Deutsche Nationalbibliothek verzeichnet diese Publikation in der Deutschen Nationalbibliografie; detaillierte bibliografische Daten sind im Internet über http://dnb.d-nb.de abrufbar.



Lektorat: Martina Schneider
Grafik und Produktion: Nadine Kaschnig-Löbel
Kartenmaterial: Arge-Kartografie
Geländemodell: Land Tirol – data.tirol.gv.at (Befliegung 2008, 2009, 2015)
Orthophotos: WMTS-Dienst geoland.at (Befliegung 2018)
Gemeinde-, Bezirks- und Landesgrenzen: Open Data Österreich; data.gv.at
Coverfoto: Wildsee und Wildseeloderhaus (Gabriel Seitlinger)
Topos S. 169 und 304: Alpinverlag Jentzsch-Rabl GmbH
Druck: Florjančic tisk d.o.o.
gedruckt in der EU

ISBN 978-3-7025-1125-8

www.pustet.at

Gabriel Seitlinger
Irene Welebil

# Kitzbühel | Kufstein | Schwaz

Auf die höchsten Punkte der 89 Gemeinden

VERLAG ANTON PUSTET

# Inhalt

## KUFSTEIN

## SCHWAZ

# Einleitung

Der bereits dritte Band der Summit-Serie erschließt mit den bewährten Mitteln der bereits bestehenden Bände „Salzburg Summits“ und „Osttirol Summits“ das Tiroler Unterland und damit die Bezirke Kitzbühel, Kufstein und Schwaz mit insgesamt 89 Gemeinden.
Dem einzigartigen Ansatz wird auch in diesem Buch die Treue gehalten. Für jede der 89 Gemeinden wurde der jeweils höchste Punkt im Gemeindegebiet laserscangenau ermittelt und auf den halben Quadratmeter genau verortet. Damit erhebt der erste Band der „Tirol Summits“ einen objektiven Anspruch auf Vollständigkeit und lässt dieses Buch zu einem informativen Begleiter für besondere Berg-, Wander-, Rad- und Skitouren werden.

Die Spannweite der beschriebenen Routen reicht von hochalpinen (Kletter-)Touren in den Zillertaler Alpen bis zu einfachen Familienwanderungen und vom höchsten Punkt in diesem Buch, 3,5 Meter westlich des Hochfeilers (3 507 Meter, Summit von Finkenberg **89**, der Gipfel liegt in Südtirol) bis zum niedrigsten Gemeindesummit aller 277 Tiroler Gemeinden in Zell am Ziller **82**, zwölf Meter talwärts des 57,4-km-Taferls an der Straßenböschung der B 165 Gerlosstraße, beide im Bezirk Schwaz mit insgesamt 39 Gemeinden.

Der höchste Summit des Bezirkes Kitzbühel – mit 20 Gemeinden – ist das Mitterhorn von Waidring **6** und von St. Ulrich am Pillersee **7**. Gemeinsam mit der Salzburger Gemeinde Lofer wird das Mitterhorn damit zu einem Triple-Summit. Der niedrigste Kitzbühel-Summit ist derjenige von Itter **13**, ein Vermessungsstein nördlich der Kleinen Salve, unweit der Kraftalm.

Der Bezirk Kufstein umfasst 30 Gemeinden, wovon der Galtenberg als Summit von Alpbach **22** der höchste im Bezirk ist. Ein unscheinbarer Wurzelstock südlich der Burgwehrmauern der Burg von Rattenberg **26** repräsentiert hingegen den niedrigsten Gemeindesummit im Bezirk.
Im „Ranking“ wird der Rang des jeweiligen Summits im Bundesland, im Bezirk und im Buch dargestellt. Beim ersten

beschriebenen Summit von Kössen, dem Unterberghorn, bedeutet das, es ist mit 1773 Meter der 228.-höchste Summit in Tirol mit 277 Gemeinden der 17.-höchste Summit von 20 im Bezirk Kitzbühel und der 60.-höchste der 89 Summits, die in diesem Buch vorgestellt werden.
Ein weiterer wichtiger Anspruch der Autor:innen ist, die Anstiege auf die Summits von der jeweiligen Gemeinde aus zu beschreiben. Dies ergab zum Beispiel für den Summit von Vomp **51**, die Birkkarspitze, einen unerwarteten Startort in Hinterriß.

Ergänzend für Summit-Sammler werden nahe beieinanderliegende Summits zu sinnvoll erscheinenden Mehr-Summit-Touren zusammengefasst. So werden Drei-, Vier- und sogar zwei Fünf-Summit-Touren vorgestellt, die darauf warten, erradelt und erwandert zu werden.

Unter den 89 Summits finden sich zwei sogenannte Triple-Summits sowie dreizehn Doppel-Summits. Soviel vorab: Die beiden Triples sind das Mitterhorn in den Loferer Steinbergen sowie der Geißstein in den Kitzbüheler Alpen – alle weiteren Details dazu finden sich im Buch.
Fünf Dreitausender, 45 Zweitausender, 32 Eintausender und sieben Summits unter tausend Metern spiegeln die einmalige Tiroler Bergwelt wider und sorgen für abwechslungsreiche Naturabenteuer für die ganze Familie!

**Handhabung dieses Tourenführers**

Jede Tour wurde nach der international üblichen Skala des Schweizer Alpenclubs (SAC) nach bestem Wissen und

Gewissen bewertet. Gradmesser ist jeweils die Schlüsselstelle. Für Wanderungen reicht die Wander- oder Trekkingskala von T1 (Wandern) bis T6 (schwieriges Alpinwandern). Für die hochalpinen Touren der meisten Zentralalpentouren die Berg- und Hochtourenskala von L (einfaches Gehgelände, einfacher Blockgrat) bis WS+ (meist noch Gehgelände, Kletterstellen übersichtlich und problemlos). Und für die Skitouren die Skitourenskala von L (weicher, hügliger Untergrund) bis ZS- (kurze Steilstufen ohne Ausweichmöglichkeiten, sichere Spitzkehrentechnik erforderlich). Im Detail ersichtlich auf www.sac-cas.ch.

Für die Klettersteigtouren wurde auf die in Österreich verwendete „Schall-Skala" von A bis F zurückgegriffen. Als Klassifizierung der wenigen Klettertouren über den Kopftörlgrat oder die bei der Überschreitung des Olperers fand die UIAA-Skala Verwendung.
Bei den Zeit- und Streckenangaben gilt für die Skitouren jeweils nur der Anstieg. Die Streckenführung ist auf den Karten in blau angegeben. Bei den Bergtouren beziehen sich die Angaben auf die gesamte Strecke und die Streckenführung ist in rot eingezeichnet.
Mountainbiketouren und Teilstrecken, die mit dem Rad zurückgelegt werden können, finden sich auf den Kartenausschnitten in grün.

Bei einigen Summits ist das genaue Auffinden nur mit GPS-Koordinaten möglich. Diese sind im WGS84 bei jeder Tour in der Syntax angegeben, wie sie in Google Maps oder auf alpenvereinaktiv.com gebräuchlich sind.

Neu in diesem Band ist die mögliche hybride Planung mit dem Angebot, die vorgestellten Touren zusätzlich als downloadbare GPX-Dateien verfügbar zu machen. Bei einigen Touren wird die Verwendung der Geodaten erforderlich sein, da sich die Summits an möglicherweise nicht vermuteten Punkten befinden.

Die „Summits in der Nähe" beziehen sich auf die Luftlinienentfernung vom jeweils beschriebenen Gipfel auf die in diesem Buch vorgestellten Summits. Hin und wieder ist es der Fall, dass die tatsächlich nächstgelegenen Summits in Salzburg, Osttirol oder Innsbruck Land liegen. Der Einfachheit halber werden aber hier nur die höchsten Gemeindesummits erwähnt, die im vorliegenden Tourenführer vorgestellt werden.

**Anreise mit öffentlichen Verkehrsmitteln**

Da wir auf unseren Touren in die Bergnatur möglichst wenig Spuren hinterlassen wollen, ist uns eine klimaschonende Anreise zu unseren Bergabenteuern wichtig. Wenn immer es möglich war, haben wir versucht, die Touren so zu gestalten, dass eine Anreise mit Bus oder Bahn durchführbar ist. Häufig ergeben sich dadurch Routen, die mit einer Anfahrt per Bike von einem Bahnhof aus starten.
Stimmen, die behaupten, eine Anreise mit öffentlichen Verkehrsmitteln funktioniere nicht oder nur mangelhaft, gibt es viele. Gründe, die für eine Öffi-Anreise sprechen, jedoch auch: Sie nützt nicht nur dem Klima, sondern bietet auch sonst viele Vorteile. Die Zeit im Zug oder Bus lässt sich für eine finale Tourenplanung, für ein nachzuholendes Nickerchen oder

Frühstück, einen After-Tour-Drink oder zum Austauschen der Fotos sinnvoll nutzen. Muss man nicht zurück zum Auto am Ausgangspunkt, ergeben sich zudem ganz neue Möglichkeiten der Tourenplanung und die Unternehmung kann zum Beispiel im Nachbartal enden, daher sind auch einige Überschreitungstouren im Buch zu finden. Das Bergabenteuer beginnt und endet für uns vor unserer Haustür.

Mit folgenden Tipps zur Öffi-Anreise wünschen wir viel Spaß bei der klimaschonenden Anreise zu den Summits.

- Fahrplan im Blick haben, nicht die letzte Verbindung ansteuern, Fahrpläne am Handy speichern
- Zeitpuffer einplanen
- Ticketpreise unterschiedlicher Apps vergleichen
- mit leichtem und kompaktem Gepäck unterwegs sein
- Fahrradmitnahme im Vorhinein checken
- Wartezeiten bewusst nutzen

Zur Tourenplanung sind folgende Seiten zu empfehlen:

www.alpenverein.de/rother-alpenvereinsfuehrer-online_aid_37147.html
www.oebb.at
www.vvt.at
maps.tirol.gv.at
www.geoland.at
www.alpenvereinaktiv.com
www.geosphere.at bzw. www.zamg.ac.at
www.meteoblue.at
www.wetteronline.at
www.alpenverein.at/portal/wetter
www.lawine.tirol.gv.at
www.skitourenguru.ch
www.sac-cas.ch

Zusätzlich zu einem ausgewählten analogen Kartenmaterial (die verwendeten Kartenempfehlungen finden sich bei jeder Tour) sind offline verfügbar gespeicherte Geodaten hilfreich und bei manchen Touren vonnöten. Gute Erfahrungen wurden dabei mit den Produkten von Google Maps und alpenvereinaktiv.com gemacht. Neu in diesem Band sind die downloadbaren GPX-Dateien bei jeder vorgestellten Tour. Mit dem QR-Code am Seitenende lassen sich alle GPS-Routen als ZIP-Datei herunterladen

**Ausrüstung**
Auf das detaillierte Wiedergeben von Ausrüstungslisten wird hier verzichtet. Bei Skitouren wird die Verwendung und Mitnahme von LVS, Schaufel, Sonde, Harscheisen, Biwaksack und Erste-Hilfe-Packerl sowie allenfalls Lawinenrucksack vorausgesetzt. Bei Hochtouren, wie auf den Olperer, den Großen Löffler oder die Reichenspitze, ist die sichere Anwendung der Seil- und Steigeisentechnik ein Muss, allenfalls sollte bei diesen Touren die Inanspruchnahme eines Bergführers oder einer Bergführerin in Erwägung gezogen werden. Bei der Klettertour auf den Köpftörlgrat ist eine komplette Kletterausrüstung inklusive mobiler Sicherungsmittel notwendig, für die Klettersteige gehören Klettersteigset, Helm und Klettersteighandschuhe in den Rucksack. Eine vorausschauende Planung betreffend Wettervorhersage, Lawinengefahr, Länge und Schwierigkeit, Checken von WebCams, Einkehrmöglichkeiten mit eingespeicherten Telefonnummern der Hütten sowie das Einschätzen des Könnens aller teilnehmenden Personen ist die Grundvoraussetzung für eine gelingende Tour.

Wer allein unterwegs ist, sollte vorher Freunden oder der Familie Details über die geplante Route und den ungefähren Zeitpunkt der Rückkehr bekannt geben.

**Notrufnummern:**
Bergrettung 140
Euro-Notruf 112

# KITZBÜHEL

**Mitterhorn** 2 506 m (Waidring) 6

**Mitterhorn** 2 506 m (St. Ulrich am Pillersee) 7

**Torhelm** 2 493 m (Hopfgarten im Brixental) 20

**nördl. d. Kröndlbergs** 2 436 m (Westendorf) 19

**südlich des Rotschartl** 2 407 m (Hochfilzen) 8

**Großer Rettenstein** 2 366 m (Kirchberg in Tirol) 18

**Geißstein** 2 363 m (Jochberg) 17

**Ackerlspitze** 2 330 m (Kirchdorf in Tirol) 3

**Ackerlspitze** 2 329 m (Going am Wilden Kaiser) 4

**Maukspitze** 2 232 m (St. Johann in Tirol) 5

**Gamshag** 2 178 m (Aurach bei Kitzbühel) 16

**Wildseeloder** 2 117 m (Fieberbrunn) 15

**Kitzbüheler Horn** 1 996 m (Oberndorf in Tirol) 10

**Kitzbüheler Horn** 1 995 m (Kitzbühel) 11

**Gampenkogel** 1 956 m (Brixen im Thale) 14

**Feldberg** 1 812 m (Schwendt) 2

**Unterberghorn** 1 773 m (Kössen) 1

**Oberwallerwand** 1 670 m (St. Jakob in Haus) 9

**Rauer Kopf** 1 579 m (Reith bei Kitzbühel) 12

**nördlich der Kleinen Salve** 1 430 m (Itter) 13

# 1 Kössen **Unterberghorn** 1 773m

**Ranking** 228 Tirol (277) 17 Bezirk (20) 60 Buch (89)

**Koordinaten** WGS 84: 47.620628, 12.436427

**Karten** BEV: 91 St. Johann in Tirol bzw.
UTM 3208 Ruhpolding; Kompass: 9 Kaisergebirge

**Summits in der Nähe**

- 2 Schwendt – Feldberg
- 5 St. Johann in Tirol – Maukspitze
- 3 Kirchdorf in Tirol – Ackerlspitze
- 4 Going am Wilden Kaiser – Ackerlspitze

**T3 • 1200 Höhenmeter • 11 ½ km • 4 ½–5 ½ Stunden**

**Charakteristik:** Öffi-Rundtour mit längerem, einsamem Forststraßenzustieg und knackigem Finale auf den Gipfel sowie abschließender knieschonender Abfahrt mit der 6er-Gondel der Hochkössen Bergbahnen. Paragleiter-Eldorado mit Starts im Minutentakt von der Bergstation.

**Ausrüstung:** Wanderausrüstung

**Ausgangspunkt:** Bushaltestelle Unterberghornbahn der Linie 4030 von Kufstein nach Kössen beim Parkplatz der Talstation der Hochkössener Bergbahnen.

Um dem sommerlichen Trubel im Bereich der Hochkössen Bergbahnen einigermaßen zu entgehen, bietet sich der Aufstieg auf das Unterberghorn zu Fuß durch das Niederhausertal (Weg 70) an. Dazu von der Bushaltestelle Unterberghornbahn beim Parkplatz der Seilbahn durch den westlich gelegenen Campingplatz, an der darauffolgenden Kreuzung geradeaus und am Waldrand zum Gasthaus Lucknerhof. Ab hier in gemächlicher Steigung etwas langatmig auf der Forststraße Richtung Süden ins Tal hinein und am Talschluss in einigen Serpentinen, die Straße über den Alten Lackweg fallweise abkürzend, zur Lackalm (1 336 m, 7,5 km und 750 hm). In weiterer Folge auf dem steiler werdenden Wanderweg teils abschüssig und an einer kurzen Passage mit einem Stahlseil gesichert (Trittsicherheit erforderlich) von Süden auf den Gipfel des Unterberghorns (1 773 m). Der höchste Punkt von Kössen befindet sich nicht beim Gipfelkreuz, sondern vier Meter nordwestlich hinter dem Sitzbankerl in den Latschen. Bei guter Sicht eröffnen sich vom Gipfel schöne Ausblicke in alle Richtungen. Für den Abstieg geht es nördlich in einer knappen halben Stunde die ersten fast 100 Höhenmeter auf dem Wanderweg hinunter, dann auf der breiten Erschließungsstraße durch das Skigebiet zur Hochkössenbahn-Bergstation und mit der Gondel ins Tal zurück zum Ausgangspunkt.

# Schwendt Feldberg 1812 m 2

**Ranking** 227 Tirol (277) 16 Bezirk (20) 59 Buch (89)

**Koordinaten** WGS 84: 47.592300, 12.324166

**Karten** BEV: BMN 90 Kufstein und 91 Kitzbühel bzw. UTM 3208 Ruhpolding, 3213 Kufstein und 3214 Kitzbühel; Kompass: 9 Kaisergebirge; Alpenverein: 8 Kaisergebirge

**Summits in der Nähe**

- 43 Kufstein – 6. Turm am Kopftörlgrat
- 44 Ellmau – Ellmauer Halt
- 46 Walchsee – Vordere Kesselschneid
- 45 Ebbs – Vordere Kesselschneid

**T2 • 1200 Höhenmeter • 17 km • 7 Stunden**

**Charakteristik:** Aussichtsreiche Rundtour, eingebettet zwischen dem Zahmen und dem Wilden Kaiser sowie den Loferer Steinbergen.

**Ausrüstung:** Wanderausrüstung

**Ausgangspunkt:** Parkplatz Kohlalmweg. Für Öffi-Anreisende mit der Buslinie 4000 bis zur Bushaltestelle Schwendt/Hohenkendl. Richtung Süden – an der Westseite der B 176, Kössener Straße – verläuft auf circa 600 Metern Länge, bis zur landwirtschaftlichen Zufahrt Hagbühelweg, ein gemischter Geh- und Radweg. Etwa die letzten 300 Meter bis zum Beginn des markierten Wanderweges Nr. 74 und zum Parkplatz Kohlalmweg führen in der Wiese neben der Bundesstraße dahin.

Vom Parkplatz am Schranken vorbei und dann in stets gleichmäßiger Steigung, fallweise die Abschneider des alpinen Waldweges nutzend, entlang der Forststraße bergauf. Der Weg verläuft überwiegend schattig im Wald, bis er einen knappen Kilometer vor dem Ausflugsgasthaus Kohlalm aus diesem herausführt. Vom Berggasthof zu Fuß rund einen Kilometer auf der Forststraße weiter, die wenig später in den Wanderweg Richtung Kohllahnersattel übergeht. Aus dem Sattel nach links steiler werdend Richtung Süden und durch Latschen und über Wiesen auf den Südwestrücken des Feldbergs, der vom Stripsenjochhaus heraufzieht. Nun die knapp 100 verbleibenden Höhenmeter unschwierig auf den Summit von Schwendt. Das Gipfelkreuz steht genau auf der Gemeindegrenze von Schwendt und Kirchdorf in Tirol.

Abstieg wie Anstieg oder landschaftlich reizvoll und geringfügig länger als Rundtour im Zuge einer West-Ost-Überschreitung des Feldbergs. Dazu vom Gipfel auf gutem Steig (Weg 825) immer auf dem Rücken des Scheibenbichlberges weiter zur Oberen Scheibenbichlalm. Nun auf dem Fahrweg bis zur Abzweigung, die nach links wieder zur Kohlalm führt. Dann auf dem bei Nässe und Schnee etwas heiklen, in steilem Gelände verlaufenden Steig zurück zum Aufstiegsweg und hinab ins Tal.

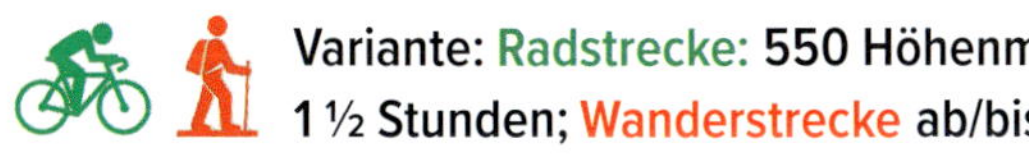

**Variante: Radstrecke: 550 Höhenmeter • 11 km • 1 ½ Stunden; Wanderstrecke ab/bis Berggasthof Kohlalm: T3 • 650 Höhenmeter • 8 km • 3 ½ Stunden**

Am Schranken des Kohlalmparkplatzes vorbei und zu Beginn auf noch asphaltierter, später auf geschotterter Forststraße in angenehmer Steigung, meist schattig, bergauf. Ende der Radstrecke liegt der Berggasthof Kohlalm. Der Verlauf der Wanderstrecke folgt der Beschreibung oben.

# 3 Kirchdorf in Tirol Ackerlspitze 2 330 m

**Ranking** 171 Tirol (277) 8 Bezirk (20) 32 Buch (89)

**Koordinaten** WGS 84: 47.559145, 12.347178

**Karten** BEV: BMN 90 Kufstein und 91 St. Johann in Tirol bzw. UTM 3213 Kufstein und 3214 Kitzbühel; Kompass: 9 Kaisergebirge; Alpenverein: 8 Kaisergebirge

**Summits in der Nähe**

4 Going am Wilden Kaiser – Ackerlspitze
5 St. Johann in Tirol – Maukspitze
43 Kufstein – 6. Turm am Kopftörlgrat
44 Ellmau – Ellmauer Halt

**T4 • KI–II • 1500 Höhenmeter • 12 km • 7–8 Stunden**
**Charakteristik:** Anspruchsvolle, lange, wenig begangene Bergtour mit ausgesetzten Kletterstellen im II. Schwierigkeitsgrad. Ab der Fritz-Pflaum-Hütte ist man hier meist allein unterwegs. Trittsicherheit, Schwindelfreiheit und alpine Erfahrung notwendig.
**Ausrüstung:** festes Schuhwerk und Steinschlaghelm
**Ausgangspunkt:** Parkplatz Griesner Alm

Von der Griesner Alm führt der Weg links über einen Bach ins Kaiserbachtal Richtung Stripsenjoch. Es folgt ein Waldstück und in einer Rechtskehre zeigt ein Wegweiser Richtung Fritz-Pflaum-Hütte/Ackerlspitze, wo es in vielen Serpentinen zum Großen Griesner Tor geht. An der Waldgrenze wird der Steig flacher und bald erreicht man die Fritz-Pflaum-Hütte auf 1865 Meter (Selbstversorgerhütte). Nach der Hütte geht's weiter Richtung Süden, kurz abwärts und bei der ersten Abzweigung nach links Richtung Ackerlspitze/Fischbachalm. Kurz darauf führt ein Wegweiser nach rechts zum Gipfelanstieg der Ackerlspitze. Über steile Schotterreisen steigt man in Richtung der Felswände auf, wo links eine kurze Kletterstelle wartet. Ab hier wird es deutlich anspruchsvoller. Auf die roten Markierungen achten, die den Idealweg durch das felsige Gelände weisen! Es folgt eine Querung nach rechts in eine breite Schlucht, erneut mit kurzer Kletterei, an einer Gedenktafel vorbei. Hier wartet die Schlüsselstelle (II), wonach der Steig weiter aufwärts über steiles Gelände führt. Noch einmal quert man nach rechts in eine Rinne und steigt bergauf, bis der Weg erst ganz am Ende flacher wird und auf den Gipfel leitet. Dort wird man mit einer traumhaften Aussicht über die Kitzbüheler Alpen, Loferer und Leoganger Steinberge und die Hohen Tauern belohnt. Der höchste Punkt im Gemeindegebiet von Kirchdorf in Tirol liegt 58 Zentimeter höher und 4,9 Meter nordwestlich des höchsten Punktes von **4** Going am Wilden Kaiser (2 329,63 m vs. 2 329,05 m auf Basis der ALS-Daten).

Abstieg wie Aufstieg oder als Überquerung hinunter nach Going (siehe Route zu Summit **4**, Seite 27 ff.).

## Going am Wilden Kaiser **Ackerlspitze** 2 329 m 4

**Ranking** 172 Tirol (277) 9 Bezirk (20) 33 Buch (89)

**Koordinaten** WGS 84: 47.559103, 12.347255

**Karten** BEV: BMN 90 Kufstein und 91 St. Johann in Tirol bzw. UTM 3213 Kufstein und 3214 Kitzbühel; Kompass: 9 Kaisergebirge; Alpenverein: 8 Kaisergebirge

**Summits in der Nähe**


**3** Kirchdorf in Tirol – Ackerlspitze

**5** St. Johann in Tirol – Maukspitze

**43** Kufstein – 6. Turm am Kopftörlgrat

**44** Ellmau – Ellmauer Halt

**T4 • KII • 1500 Höhenmeter • 12 km • 8 Stunden**
**Charakteristik:** Anspruchsvolle, lange Bergtour mit ausgesetzten Kletterstellen im II. Schwierigkeitsgrad auf den zweithöchsten Kaisergipfel. Trittsicherheit, Schwindelfreiheit und alpine Erfahrung sind hier Voraussetzung.
**Ausrüstung:** festes Schuhwerk und Steinschlaghelm
**Ausgangspunkt:** Parkplatz Hüttling, im Sommer gibt es auch einen Wanderbus, der bis zum Parkplatz fährt (Stand 2024).

Vom Parkplatz Hüttling folgt man zu Beginn einer Forststraße bis zur Graspoint-Niederalm. Kurz danach geht's auf einem Waldweg weiter, einem Wegweiser mit der Aufschrift Ackerlhütte folgend. Diese erreicht man nach einem Waldstück über einen kurzen Felsaufschwung mit kleinem Wasserfall. An der Graspoint-Hochalm geht's linkerhand vorbei und weiter bis zur Ackerlhütte.
Hinter der Hütte auf einem Steig in leichter Kletterei (I) über einen Felsaufschwung bergauf. Nach einem kurzen Stück bergab gelangt man zum sogenannten Niedersessel, wo am Wandfuß meist bis lang in den Sommer Schneereste liegen, die den Einstieg in die Wand erschweren und die Markierungen/Beschilderung verdecken können. Aufgrund des vielen Schotters, der im Kar liegt, ist hier ein Steinschlaghelm ratsam. Der ausgesetzte Steig führt teils über Steigstifte und Tritthilfen steil bergauf (Stellen II), über eine steile Rinne zum Hochsessel, wo sich die Geländekammer wieder öffnet und das Fortkommen einfacher wird. Den Steigspuren folgend nun weiter aufwärts bis zum Sattel und zur Abzweigung zur Maukspitze. Zur Ackerlspitze hält man sich jedoch links und folgt dem Pfad, erst

über Wiesenhänge, dann wieder im Fels, über einen weiteren Aufschwung zum kurzen Gipfelgrat und zum Gipfel mit fantastischem Ausblick.

Für den Abstieg entweder auf dem gleichen Weg bergab oder zurück zum Sattel und weiter über den teils ausgesetzten Grat bis zur Maukspitze, dem Summit von St. Johann in Tirol 5 (sehr lohnend). Dann dem Weg weiter bis zum Niedersessel folgen und auf dem Anstiegsweg zum Ausgangpunkt zurück (etwa eine Stunde zusätzlich).

## 5 St. Johann in Tirol Maukspitze 2 232 m

**Ranking** 186 Tirol (277)  10 Bezirk (20)  39 Buch (89)

**Koordinaten** WGS 84: 47.558900, 12.356362

**Karten** BEV: BMN 90 Kufstein und 91 St. Johann in Tirol bzw. UTM 3213 Kufstein und 3214 Kitzbühel; Kompass: 9 Kaisergebirge; Alpenverein: 8 Kaisergebirge

**Summits in der Nähe**

- 4 Going am Wilden Kaiser – Ackerlspitze
- 3 Kirchdorf in Tirol – Ackerlspitze
- 43 Kufstein – 6. Turm am Kopftörlgrat
- 44 Ellmau – Ellmauer Halt

 östlichster Kaisergipfel

**T3 • KI bis II • 1600 Höhenmeter • 17 km • 8 Stunden**

**Charakteristik:** Anspruchsvolle, lange Bergtour mit ausgesetzten Kletterstellen im II. Schwierigkeitsgrad auf den östlichsten Kaisergipfel. Trittsicherheit, Schwindelfreiheit und alpine Erfahrung sind hier Voraussetzung.
**Ausrüstung:** festes Schuhwerk, ev. Steinschlaghelm
**Ausgangspunkt:** Parkplatz beim Gasthof Rummlerhof

Vom Rummlerhof führt eine asphaltierte Fahrstraße weiter bis zum Maurerhof, wo ein Weg mit der Beschilderung „Schleierwasserfall" abzweigt. Links am Bauernhof vorbei führt der Weg gut beschildert (Nr. 33) bergauf in den Wald. Es geht über die Diebsöfen (Steig leitet durch eine Höhle – Markierungen) zum schönen Schleierwasserfall, wo sich meist Kletterer tummeln. Weiter geht's bergab auf dem Weg 818 Richtung Süden bis zu einer Weggabelung, bei der man sich nach rechts zum Stiegenbachwasserfall wendet und – an der Graspoint-Hochalm vorbei – bis zur Ackerlhütte aufsteigt. Bis kurz vor der Hütte ist der Weg ident mit der ersten Etappe des Adlerweges und auch dementsprechend beschildert.
Hinter der Ackerlhütte geht es dann in leichter Kletterei bergauf und es folgt ein kurzer Abstieg in den sogenannten Niedersessel. Hier liegt oft bis in den Sommer hinein Schnee. Nun an der Abzweigung zur Ackerlspitze vorbei und das Kar queren. Auf einem breiten Grasband in vielen Serpentinen und teilweise leichter Kletterei (I–II) in steilem Fels- und Schrofengelände immer höher hinauf. Es sind immer wieder Trittstifte, jedoch keine Seilversicherungen zu finden. Am Ende führt der Gipfelkamm zum höchsten

Punkt, dem Gipfelkreuz der Maukspitze mit herrlichem Ausblick bis zu den Hohen Tauern. Abstieg wie Aufstieg.

**Variante mit Öffi-Anreise: + 100 Höhenmeter • 7 km • 2 Stunden mehr**

**Ausgangspunkt:** Bahnhof St. Johann

Vom Bahnhof in Sankt Johann geht es in nördliche Richtung zum Kreisverkehr, man zweigt hier links ab, überquert den Fluss und geht weiter rechts haltend auf den

Kreisverkehr der Loferer Straße zu. Die Straße überqueren und dem Hinterkaiserweg bis zum Rummlerhof folgen. Hier befindet sich der Parkplatz.

**Variante:** Besonders für Öffi-Anreisende bietet es sich an, die ersten 5 Kilometer und 100 Höhenmeter bis zum Maurerhof mit dem Rad zu fahren. Das spart gut 1 ½ Stunden.

# 6 Waidring **Mitterhorn** 2 506 m

**Ranking** 136 Tirol (277)  1 Bezirk (20) 13 Buch (89)

**Koordinaten** WGS 84: 47.549576, 12.628216

**Karten** BEV: BMN 91 St. Johann in Tirol und 92 Lofer bzw. UTM 3214 Kitzbühel; Kompass: 14 Berchtesgadener Land und Chiemgauer Alpen; Alpenverein: 9 Loferer und Leoganger Steinberge

**Summits in der Nähe**

- 7 St. Ulrich am Pillersee – Mitterhorn
- 9 St. Jakob in Haus – Obwallerwand
- 8 Hochfilzen – Rotschartl
- 15 Fieberbrunn – Wildseeloder

★ höchster Summit im Bezirk Kitzbühel, außerdem zweithöchster Gipfel der Loferer Steinberge und Triple-Summit mit St. Ulrich und Lofer

**T3 • KI • 1750 Höhenmeter • 15 km • 9 Stunden**
**Charakteristik:** Lange, einsame, teils ausgesetzte Bergtour, auf der Trittsicherheit, Schwindelfreiheit und gute Kondition gefragt sind.
**Ausrüstung:** festes Schuhwerk, ev. Steinschlaghelm
**Ausgangspunkt:** Bushaltestelle Waidring/Brandtnerhof (Linie 4012) oder Parkplatz in der Nähe des Gasthofs Strub.

Von der Bushaltestelle Richtung Westen auf der alten Bundesstraße bis zum Parkplatz. Weiter erst entlang des Forstweges Richtung Jägeralm. Kurz nach dem Unterstand Aschertal (Brunnen, Wasser auffüllen) zweigt links der sogenannte Griesbacher Steig ab (Nr. 601). Durch

einen wunderschönen Lärchenwald führt der steile Weg zu einem Latschengürtel und weiter zu einer Geröllrinne zwischen Guter Wand und Struber Horn. Hier finden sich bis weit in den Sommer hinein noch Schneefelder. Danach warten mehrere Felsstufen mit leichter Kletterei (I bis II), teils durch Stahlseile gesichert und mit roten Punkten markiert, bis man über viel Geröll zum Waidringer Nieder gelangt. Von hier zweigt man rechts auf den Grat ab, von dem aus man schon den pyramidenförmigen Gipfel des Mitterhorns erkennen kann.

Rückweg wie Aufstieg oder Abstieg nach Lofer oder über den Nuaracher Höhenweg nach St. Ulrich (siehe Seite 37 ff., Tour zum Summit **7**).

## St. Ulrich am Pillersee **Mitterhorn** 2 506 m **7**

**Ranking** 137 Tirol (277) 2 Bezirk (20) 14 Buch (89)

**Koordinaten** WGS 84: 47.549551, 12.628158

**Karten** BEV: BMN 91 St. Johann in Tirol und 92 Lofer bzw. UTM 3214 Kitzbühel; Kompass: 14 Berchtesgadener Land und Chiemgauer Alpen; Alpenverein: 9 Loferer und Leoganger Steinberge

**Summits in der Nähe**

- **6** Waidring – Mitterhorn
- **9** St. Jakob in Haus – Obwallerwand
- **8** Hochfilzen – Rotschartl
- **15** Fieberbrunn – Wildseeloder

★ Zweithöchster Gipfel der Loferer Steinberge, Triplesummit mit Waidring und Lofer

**T3 • KI–II • 1800 Höhenmeter • 17 km • 10–12 Stunden**
**Charakteristik:** Einer der schönsten Höhenwege der Nordalpen; sehr lange, aussichtsreiche Gratüberschreitung über mehrere Gipfel. Es gibt einige seilversicherte Stellen, andere Stellen müssen frei geklettert werden (max. I+), meist befindet man sich aber in Gehgelände.
**Ausrüstung:** festes Schuhwerk, ev. Steinschlaghelm
**Ausgangspunkt:** St. Ulrich am Pillersee, Bushaltestelle Gemeindeamt (Linie 8302) oder Parkplatz beim Sportplatz

Von der Bushaltestelle beim Gemeindeamt geht es zuerst 100 Meter Richtung Norden zu einem Zebrastreifen. Hier nach rechts abbiegen und auf der Dorfstraße bis zum Sportplatz (Parkmöglichkeit). Geradeaus weiter quert man zwei Wasserläufe und einen Fahrweg und kommt zu einem Wanderweg mit Wegweiser „Nuaracher Höhenweg“. Kurz danach führt der Weg durch Wald und Latschen Richtung Bräualm und, mit erstem Felskontakt, zum Heimkehrerkreuz, einem wunderbaren Aussichtspunkt. Als erster Gipfel wartet das Seehorn (Ulrichshorn). Nun folgt der anspruchsvollste Teil der Tour, der Abstieg zur Adolarischarte. Der Grat ist schmal und der versicherte Steig ausgesetzt, hier ist Konzentration gefragt. Den rotweißen Markierungen (Nr. 612) folgen, auch wenn diese nicht immer gut ersichtlich sind. Weiter am Grat entlang über die sogenannte Truhe, die Adolarischarte und das Schaflegg (erneut ein traumhafter Rastplatz). An Dolinen vorbei führt der Weg zum Großen und weiter zum Östlichen Rothorn. Der Steig ist immer wieder mit leichten Kletterstellen durchzogen (max. I, teilweise mit Eisenstangen gesichert), Trittsicherheit

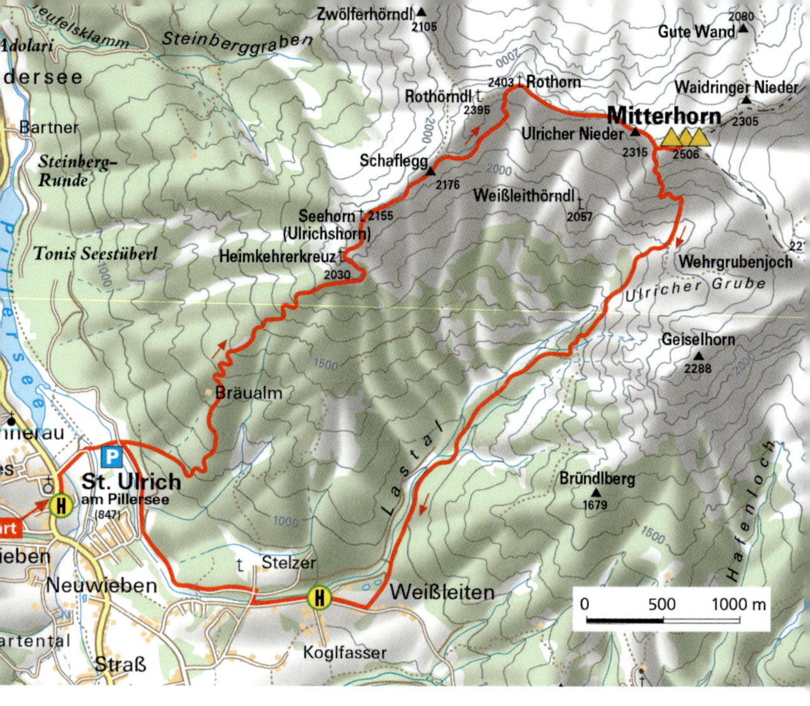


und Schwindelfreiheit sind hier Voraussetzung. Das nächste Ziel ist das markante, pyramidenförmige Mitterhorn (auch Großes Hinterhorn genannt), davor geht's kurz bergab und dann steht dem Gipfelsturm über Schrofen und Kalkschutt auf luftigen Felsbändern nichts mehr im Weg. Der Summit von St. Ulrich befindet sich 4,5 Meter südwestlich des Gipfels und ist auf Basis der Laserscandaten fünf Zentimeter niedriger.

Der Abstieg erfolgt erst entlang der Aufstiegsroute zurück zum Ulricher Nieder. Es kann nun entweder über den leichten Klettersteig oder über Schrofenhänge und loses

Geröll direkt in das Lastal abgestiegen werden. Der Abstieg führt stets durch ein markantes Tal, das von steilen Felswänden begrenzt wird, bis es auf etwa 1 500 Meter etwas gemütlicher und flacher wird. Weiter nun zum Ortsteil Weißleiten, hier ein Stück Richtung Westen und zur Bushaltestelle St. Ulrich am Pillersee/Koglfasserweg oder noch ein Stück Richtung Westen zurück zum Ausgangspunkt.

**Info:** Auf der gesamten Strecke gibt es keine Quellen. Aufgrund der Länge der Tour unbedingt genügend Wasser mitnehmen!

## Hochfilzen **südlich des Rotschartls** 2 407 m **8**

**Ranking** 154 Tirol (277) 5 Bezirk (20) 25 Buch (89)

**Koordinaten** WGS 84: 47.477886, 12.699590

**Karten** BEV: BMN 123 Zell am See bzw. UTM 3214 Kitzbühel und 3215 Saalfelden; Kompass: 29 Kitzbüheler Alpen; Alpenverein: 9 Loferer und Leoganger Steinberge

**Summits in der Nähe**

- **7** St. Ulrich am Pillersee – Mitterhorn
- **6** Waidring – Mitterhorn
- **9** St. Jakob in Haus – Obwallerwand
- **15** Fieberbrunn – Wildseeloder

 östlichster Summit Nordtirols

**T3 • der Anstieg durch die letzte, schottrige Rinne auf den Nordgrat des Grießener Hochbretts und zum Summit verläuft weglos • 1570 Höhenmeter • 16 km • 8 Stunden**

**Charakteristik:** Vielfältige Landschaft und einsame, abwechslungsreiche Wanderung vom alpinen Talboden an den westlichen Rand der karstigen Leoganger Steinberge auf einen wohl kaum bekannten Gemeindesummit. Ausgesprochen gut geeignet als Öffi-Tour mit Start am Bahnhof Hochfilzen; fast der gesamte Wegverlauf liegt an der Grenze zum Truppenübungsplatz Hochfilzen.

**Ausrüstung:** Wanderausrüstung, genug zu trinken

**Ausgangspunkt:** Bahnhof Hochfilzen

Vom Bahnhof zunächst Richtung Nordosten am Magnesitwerk vorbei, kurz auf dem Radweg dahin und gleich nach der Brücke über den Schüttachgraben links dem Wegweiser Richtung Grießener Hochbrett (4 ½ Stunden) in das kleine Waldstück folgen. Teilweise weglos immer auf dem Rücken bleibend über die Kuhweide und an deren oberem Ende durch ein Gatterl auf den lieblichen Waldweg. Ab der Willegghöhe nun leicht bergab auf der Forststraße, immer nahe dem Truppenübungsplatz Hochfilzen. Nach der markanten Lichtung in einer kleinen Senke weiter auf der Straße Richtung Norden und an den nicht zu übersehenden militärischen Hinweistafeln nach rechts zum ursprünglich schmalen Waldwiesenweg, der je nach Saison eventuell stärker von militärischen Fahrzeugen zerfurcht sein kann. Auf dem Waldrücken über den Hochdurrachkopf (1722 m) und durch die folgende kleine Senke mit

Latschenbewuchs auf die Jungfrau (1910 m). Hier öffnet sich die Vegetation und gibt den Blick auf den karstigen Weiteranstieg über den markanten Rücken zum Grießener Rotschartl frei. Aus der Scharte nach rechts, leicht bergab und, bevor der stahlseilversicherte Wiederanstieg auf das Grießener Hochbrett beginnt, in der schottrigen steilen Rinne nach links weglos und etwas mühsam etwa 30 Höhenmeter auf den Nordgrat des Hochbretts. Darauf wenige Meter nach links zu einer kurzen, verbogenen Eisenstange und einer in den Stein gehauenen und farblich hinterlegten Markierung „S 86“. Dieser Punkt auf 2406,79 Meter ist nicht nur der Gemeindesummit von Hochfilzen, sondern auch der östlichste Punkt des Bezirkes Kitzbühel und von ganz Nordtirol. Zurück auf dem Weg bietet sich der kurze und unschwierige, neu mit Stahlseilen versicherte Anstieg über schottrige Bänder auf das Grießener Hochbrett an, der schöne Tiefblicke in und über die Leoganger Steinberge bietet (15 Minuten). Abstieg wie Anstieg.

# 9 St. Jakob in Haus **Obwallerwand** 1670 m

| | |
|---|---|
| **Ranking** | 235 Tirol (277) · 18 Bezirk (20) · 64 Buch (89) |
| **Koordinaten** | WGS 84: 47.513024, 12.539878 |
| **Karten** | BEV: BMN 91 St. Johann in Tirol bzw. UTM 3214 Kitzbühel; Kompass: 29 Kitzbüheler Alpen |

**Summits in der Nähe**

- **7** St. Ulrich am Pillersee – Mittterhorn
- **6** Waidring – Mitterhorn
- **15** Fieberbrunn – Wildseeloder
- **10** Oberndorf in Tirol – Kitzbüheler Horn
- **11** Kitzbühel – Kitzbüheler Horn

**T2 • 830 Höhenmeter • 9 ½ km • 4–5 Stunden**
**Charakteristik:** Rundtour vom Ortszentrum von St. Jakob aus; der Abstieg über nicht markierte, aber einigermaßen gut erkennbare Jägersteige auf dem breiten Rücken Richtung Osten zur Schartenalm erfordert etwas Geländegängigkeit.
**Ausrüstung:** Wanderausrüstung, GPS-Gerät für das Auffinden des Summits
**Ausgangspunkt:** Bushaltestelle St. Jakob in Haus – Volksschule der Linie 8302; einige Parkmöglichkeiten gleich daneben bei der Kirche

Von der Bushaltestelle oder vom Parkplatz bei der Kirche in den Ort und in die Pfarrgasse. Hinter dem massiven Gebäude des Pfarrhofs die Fahrstraße bergauf in Richtung Lehrbergalm und Schartenalm. Nach gut 500 Metern an der Weggabelung nach links, noch kurz der Forststraße folgen und dann steil auf den Wanderweg in den Wald. Schräg über das Wiesenwegerl und das Almgelände der Schartenalm auf einen feinen Waldweg, kurz bevor es zur Winterstelleralm bergab geht. Wer sich den Abstieg und darauffolgenden Wiederanstieg ersparen will, quert weglos schräg links etwa 700 Meter leicht ansteigend durch den lichten Waldbestand bis zum Wanderweg, der von der Winterstelleralm auf den Wallerberg heraufführt. Diesen entlang zum Gipfel des Wallerbergs (1682 m). Der Summit von St. Jakob liegt – unmarkiert – auf der flachen, latschenbewachsenen Kuppe am oberen Ende der Obwallerwand circa 450 Meter südöstlich des Gipfelkreuzes des Wallerbergs (1 682 m), das sich bereits auf dem Gemeindegebiet von St. Ulrich befindet. Dazu vom Gipfel auf zum Teil erkennbaren Steigspuren, zum Teil weglos mehr oder weniger auf dem Gras- und Latschenrücken bleibend und mit etwas Orientierungssinn und GPS-Gerät auf den unmarkierten und nicht ganz leicht zugänglichen, latschen- und unterholzbewachsenen Summit von St. Jakob in Haus oberhalb der Obwallerwand. Der Abstieg führt in ähnlicher Qualität immer auf dem nicht ganz leicht gehbaren Rücken mit zum Teil erkennbaren Steigspuren direkt nach Osten und zurück zur Schartenalm. Von hier kann im unteren Teil der Abstieg über Eiblberg in den Ort gewählt werden oder man geht auf dem bekannten Anstiegsweg retour.

## Oberndorf in Tirol **Kitzbüheler Horn** 1996 m **10**

**Ranking** 213 Tirol (277) 13 Bezirk (20) 51 Buch (89)

**Koordinaten** WGS 84: 47.476146, 12.429765

**Karten** BEV: BMN 91 St. Johann in Tirol und 122 Kitzbühel bzw. UTM 3214 Kitzbühel; Kompass: 29 Kitzbüheler Alpen

**Summits in der Nähe**

- **11** Kitzbühel – Kitzbüheler Horn
- **15** Fieberbrunn – Wildseeloder
- **12** Reith bei Kitzbühel – Rauer Kopf
- **9** St. Jakob in Haus – Obwallerwand

**Radstrecke: 880 Höhenmeter • 9 km • 1 ½ Stunden • Wanderstrecke: T3 • 400 Höhenmeter • 5 km • 2 ½ Stunden**

**Charakteristik:** Kombinierte Bike-and-Hike-Tour mit Öffi-Startort beim Bahnhof Oberndorf und Rundtour auf den Aussichtsberg schlechthin in den Kitzbüheler Alpen.

**Ausrüstung:** Mountainbike, Wanderausrüstung; für den Alternativanstieg über den Klettersteig (C/D) Klettersteigausrüstung

**Ausgangspunkt:** Bahnhof Oberndorf in Tirol

Vom Bahnhof mit dem Rad die Bahnhofsstraße entlang bis zum Römerweg und auf diesem auf der nun beschilderten Mountainbike-Strecke 264 „Oberndorf Harschbichl" weiter. Der erste Teil schlängelt sich vier Kilometer auf der Asphaltstraße über Wiesenschwang und Haslach bis Saureck großteils im Wald dahin. In Saureck endet der asphaltierte Teil der Strecke. Hier beginnt das Fahrverbot für KFZ und es gibt einige Parkmöglichkeiten. Der obere Streckenabschnitt ist geringfügig steiler angelegt und führt auf einem gut fahrbaren Almweg in zahlreichen Serpentinen mit wechselnden Ausblicken auf den Wilden Kaiser und das Kitzbüheler Horn an der Stanglalm (1 458 m) vorbei zum Harschbichl (1 604 m). Am besten werden die Räder beim Berggasthof Harschbichl abgestellt. Für die Wanderung geht es ein paar Meter den Fahrweg zurück zur Abzweigung Richtung Kitzbüheler Horn und Klettersteig. Der Wanderweg führt im unteren Teil in zahlreichen Serpentinen am Nordgrat des Horns entlang. Ausgesetzte Stellen sind zum Teil mit Stahlseilen gesichert. Kurz nach dem Aussichtspunkt (Holzkegel) beginnt links der Klettersteig (C/D, Klettersteigausrüstung). Der Wanderweg hingegen quert nach rechts in die Gipfelflanke und ist bis spät ins Frühjahr hinein mit Altschneeresten teilweise schwierig begehbar (entsprechende Hinweisschilder beachten). Der Ausstieg daraus liegt links eines bereits gut sichtbaren Kreuzes an der Fahrstraße auf das Kitzbüheler Horn. Auf dieser zum Gipfel und zu den unmarkierten Summits von Oberndorf **10** und Kitzbühel **11**, beide nördlich des massiven Sendeturms gelegen (GPS-Gerät erforderlich). Der Abstieg erfolgt zuerst etwas steiler an der Südseite des Gipfels, quert Richtung Osten auf der Hoferschneid zu einem auf den Kopf gestellten Baum und führt von diesem durch den Nordhang zurück zum Harschbichl und den Rädern.

**Variante Klettersteig:** Alternativ zum oben beschriebenen Anstieg bietet sich der mit C/D bewertete Klettersteig an. Der Einstieg liegt unmittelbar neben dem Wanderweg auf circa 1850 Meter, der Klettersteig führt direkt zum Gipfel. Kletterzeit etwa 45 Minuten, die Hauptschwierigkeiten liegen in der ersten Hälfte.

## 11 Kitzbühel **Kitzbüheler Horn** 1995 m

**Ranking** 214 Tirol (277) 14 Bezirk (20) 52 Buch (89)

**Koordinaten** WGS 84: 47.476089, 12.429763

**Karten** BEV: BMN 122 Kitzbühel bzw. UTM 3214 Kitzbühel;
Kompass: 29 Kitzbüheler Alpen;
Alpenverein: 34/2 Kitzbüheler Alpen Ost

**Summits in der Nähe**


10 Oberndorf in Tirol – Kitzbüheler Horn
15 Fieberbrunn – Wildseeloder
12 Reith bei Kitzbühel – Rauer Kopf
9 St. Jakob in Haus – Obwallerwand

**1250 Höhenmeter • 23 km • 3 Stunden**
**Charakteristik:** Streckentour auf das Kitzbüheler Horn, kräftezehrende und steile (Mountain-)Biketour auf einer der schwierigsten Etappen der Österreich-Radrundfahrt.
**Ausrüstung:** Bike; die Strecke bis zum Sender ist sogar rennradtauglich; vor und nach den Öffnungszeiten der Mautstraße (generell von Anfang Juli bis Ende Oktober) ist die Strecke weitgehend autofrei. Einige Einkehrmöglichkeiten entlang des Weges und im Gipfelbereich.
**Ausgangspunkt:** Bahnhof Kitzbühel

Vom Bahnhof geht es flussabwärts auf der östlichen Bachseite der Jochberger Ache auf dem R21 – Brixental Radweg – circa 1,5 Kilometer bis Höglern und zur Abzweigung der Hornstraße („Panoramastraße“) auf das Kitzbüheler Horn. Am Beginn radelt man kurz noch etwas flacher dahin durch eine weite Rechtskurve und nach circa 250 Höhenmetern am Mauthäuschen vorbei. Von hier geht's in gleichmäßiger Steilheit abwechselnd durch waldige Passagen, meist in Alm- und Skipistengelände bis zum Alpenhaus auf 1670 Meter Seehöhe (Parkplatz, ab hier besteht Fahrverbot für motorisierten Individualverkehr). Die Streckenführung dreht von der westlichen Ausrichtung auf den breiten Südrücken des Kitzbüheler Horns. Das gut ausgebaute Asphaltsträßchen wird schmaler, und bleibt bis zum Endpunkt direkt beim riesigen Sender recht kräftezehrend. Der höchste Punkt von Kitzbühel liegt acht Meter nordwestlich des mächtigen Betonsockels des Senders, direkt hinter dem Sitzbankerl. Jener von Oberndorf in Tirol **10** liegt weitere 6,5 Meter nördlich, gleich hinter dem Zaun und ist 1,3 Meter höher. GPS-Gerät für das genaue Auffinden beider Summits hilfreich. Abfahrt wie Auffahrt.

**Variante Rundtour:** Für die Rundtour um das Kitzbüheler Horn verlängert sich die Strecke auf 41 Kilometer und 1 500 Höhenmeter mit einer Gesamtfahrzeit von 6–7 Stunden. Dazu geht's vom Horn zurück zum Alpenhaus und nach den fünf kurzen Kehren unterhalb des Alpenhauses nach links auf die MTB-Strecke 255 „Kitzbüheler Horn". Diese führt bis zum Speicherteich etwas auf und ab und bis zur Abfahrt auf der Schotterstraße an einer Reihe von Almen vorbei. Die Beschilderung ändert sich zu 254 „Raintal Almen" und begleitet die Strecke bis auf den Talboden der Fieberbrunner Ache. Dann läuft der Radweg entlang der B 164 flussabwärts bis St. Johann und auf dem R20/Leukentalradweg zurück nach Höglern und zum Ausgangspunkt.

## Reith bei Kitzbühel **Rauer Kopf** 1579 m **12**

**Ranking** 245 Tirol (277) 19 Bezirk (20) 73 Buch (89)

**Koordinaten** WGS 84: 47.474285, 12.308763

**Karten** BEV: BMN 121 Neukirchen und 122 Kitzbühel
bzw. UTM 3213 Kufstein und 3214 Kitzbühel;
Kompass: 29 Kitzbüheler Alpen;
Alpenverein: 34/2 Kitzbüheler Alpen Ost

**Summits in der Nähe**

- 41 Söll – Hohe Salve
- 14 Brixen im Thale – Gampenkogel
- 42 Scheffau am Wilden Kaiser – Treffauer

**T1 • 900 Höhenmeter • 15 km • 6 Stunden**
**Charakteristik:** Einfache Rundtour, die sich perfekt für eine Anreise mit den Öffis anbietet.
**Ausrüstung:** Wanderausrüstung
**Ausgangspunkt:** Parkplatz bei der Skischule westlich von Reith oder bei der Bushaltestelle Reith bei Kitzbühel/Kulturhaus (Linie 4006 von Kitzbühel nach Ellmau)

Von der Bushaltestelle einen halben Kilometer nach Westen bis zum Parkplatz. Hinweisschilder leiten hier Richtung Wirtsalm und Rauer Kopf. Geradeaus über die Wiese und an der Veitlkapelle vorbei in den Wald (Weg Nr. 63). In mehreren Serpentinen bis zur Wirtsalm und dann über weitläufiges Almgelände, unterbrochen von mehreren kurzen Waldpassagen, um die Nordflanke des Rauen Kopfes herum. Ab hier eröffnen sich immer wieder sagenhafte Blicke auf die Südwände des Wilden Kaisers. Die Wanderung führt – teilweise auf Almstraßen, teilweise auf Wanderwegen – bis in den Sattel westlich des Rauen Kopfes, wobei der „Kaiserblick" auf 1 453 Meter durch die unterhalb vorbeiführende Starkstromleitung etwas getrübt wird. Vom Sattel dauert es noch gut 20 Minuten über den Waldweg auf dem westlichen Rücken bis zum Friedenskreuz. Das Kreuz steht genau am Grenzpunkt der drei Gemeinden Ellmau, Reith und Kirchberg in Tirol und markiert den Summit von Reith. Der – geringfügig – höhere Punkt, der mit einem Vermessungszeichen markierte Stein südöstlich des Kreuzes, liegt auf dem Gemeindegebiet von Kirchberg, dessen Gemeindesummit aber der Große Rettenstein **18** ist.

Der Abstieg für die Rundtour führt entlang des etwas feuchten Ostrückens. Ab etwa 1 400 Meter Seehöhe kann, um den Forststraßenhatscher etwas abzukürzen, den Steigspuren im Wald gefolgt werden (gut 140 Höhenmeter). Es geht an der Dillmooswiese und dem Parkplatz oberhalb des Filzerhofes vorbei (Achtung: Bogenschießparcours!) und auf dem markierten Wanderweg Nr. 63 in den Talboden westlich des Golfplatzes. Der Geh- und Radweg entlang der Aschauer Ache leitet von Süden durch Reith und zurück zum Ausgangspunkt.

## 13 Itter nördlich der Kleinen Salve 1430 m

**Ranking** 253 Tirol (277) 20 Bezirk (20) 77 Buch (89)

**Koordinaten** WGS 84: 47.470601, 12.185355

**Karten** BEV: BMN 121 Neukirchen bzw. UTM 3213 Kufstein;
Kompass: 29 Kitzbüheler Alpen;
Alpenverein: 34/1 Kitzbüheler Alpen West

**Summits in der Nähe**

**41** Söll – Hohe Salve
**38** Kirchbichl – Juffinger Jöchl
**39** Bad Häring – Großer Pölven
**40** Schwoich – Großer Pölven

★ niedrigster Summit im Bezirk Kitzbühel

**T1 • 800 Höhenmeter • 14 km • 4–5 Stunden**

**Charakteristik:** Einfache Rundtour am Westrand des Skigebietes der Hohen Salve (Skiwelt Wilder Kaiser Brixental).

**Ausrüstung:** Wanderausrüstung, GPS-Gerät notwendig

**Ausgangspunkt:** Dorfplatz von Itter in Tirol, wenige Parkplätze im Ort; Öffi-Anreise vom Bahnhof Wörgl mit der Linie 4060 bis Itter in Tirol/Dorfplatz

Vom Dorfplatz geht es Richtung Kraftalm, Wegnummern 68 und 69, und bei der Pockenauer Kurve auf 718 Meter Seehöhe nach rechts Richtung Salvenberg und Schorn. Bis kurz hinter Laiming auf dem Fahrweg bleiben, dann auf einem schönen Waldweg (Vorsicht: mögliche MTB-Downhiller) zum Bauernhof Schorn. Hier auf der Forststraße in mehreren Serpentinen über Almgelände, später durch den Wald bis auf etwa 1400 Meter Seehöhe. Dort verlässt ein Karrenweg den Fahrweg nach links und verjüngt sich später zu einem schmalen Steiglein. Nordwestseitig der Kleinen Salve auf dem Wanderweg bis ins Skigebiet (nahe der Mittelstation der Salvistabahn und Kraftalm). Vor der Kraftalm circa 300 Meter auf dem Fahrweg (im Winter Skipiste) leicht bergauf und nach rechts bis zum Zaun (Gemeindegrenze). Zum Schluss am Zaun entlang gute 100 Meter (Steigspuren erkennbar) im Wald zum Markierungsstein und -pflock „88 H“, dem höchsten Punkt im Gemeindegebiet von Itter an der Grenze zu Hopfgarten. Von der Lichtung ein paar Meter höher ergeben sich schöne Ausblicke nach Norden zum Großen Pölven (Summits 31 und 32)

Der Abstieg führt zurück zur Kraftalm und zur Mittelstation der Salvistabahn und von dort links auf dem Weg 69 über die Barmalm und den Scherzerhof (ab hier Asphaltstraße) zurück nach Itter.

## Brixen im Thale **Gampenkogel** 1956 m **14**

**Ranking** 219 Tirol (277) 15 Bezirk (20) 55 Buch (89)

**Koordinaten** WGS 84: 47.404913, 12.265729

**Karten** BEV: BMN 121 Neukirchen am Großvenediger bzw. UTM 3213 Kufstein; Kompass: 29 Kitzbüheler Alpen; Alpenverein: 34/1 Kitzbüheler Alpen West

**Summits in der Nähe**

- **41** Söll – Hohe Salve
- **12** Reith bei Kitzbühel – Rauer Kopf
- **18** Kirchberg in Tirol – Großer Rettenstein

**T1 • 1320 Höhenmeter • 13 km • 5 ½–6 Stunden**
**Charakteristik:** Typische Schieferalpenwanderung über weitläufiges Almgebiet mit Einkehrmöglichkeiten, vielen Kühen und (Ski)-Liften, Öffi-Tour und knieschonende Talfahrt mit der 8er-Gondel Skiweltbahn.
**Ausrüstung:** Wanderausrüstung, Liftkarte
**Ausgangspunkt:** Bahnhof Brixen im Thale

Vom Bahnhof startet die Tour entlang der Siedlungshäuser und des Brixenbaches Richtung Süden. Es geht am Parkplatz auf 879 Meter Seehöhe vorbei und geradeaus auf das schmale Wiesenwegerl und den Kreuzweg. Der liebliche Wanderweg führt zur Brixenbachalm, wird nach dieser kurz etwas steiler und geht später entlang der MTB-Strecke bis kurz vor die Wiegalm (Weg 82). Bevor man diese erreicht, rechts auf dem Fahrweg bleiben und an der Abzweigung zur Wildenfeldalm (1 615 m) vorbei. Nach weiteren knapp 100 Höhenmetern zweigt rechts der steile Gipfelanstieg über den Südostgrat auf den Gampenkogel ab. Der Summit befindet sich beim Gipfelkreuz.Vom Brixner Gemeindesummit und schon auf dem Weg dorthin eröffnen sich traumhafte Ausblicke Richtung Süden auf den Rettenstein (Summit von Kirchberg in Tirol 18) und den Großvenediger (Summit von Neukirchen am Großvenediger 117 in Salzburg sowie von Prägraten 3 und Matrei 4 in Osttirol). Für die Überschreitung des Gampenkogels nun nach Westen auf dem schmalen Steigerl hinunter in die Einködlscharte auf 1 700 Meter. Von dieser in leichtem Auf und Ab auf dem Wirtschaftsweg zur Bergstation der 8er-Gondel beim Gasthof Chor. (Achtung: NICHT mit dem ersten Lift nach Westendorf hinunterfahren!) Von der Talstation dann 1,3 Kilometer entlang der Dorfstraße durch Brixen bis zum Ausgangspunkt beim Bahnhof.

# 15 Fieberbrunn Wildseeloder 2 117 m

**Ranking** 203 Tirol (277) 12 Bezirk (20) 47 Buch (89)

**Koordinaten** WGS 84: 47.431887, 12.531464

**Karten** BEV: BMN 122 Kitzbühel bzw. UTM 3214 Kitzbühel;
Kompass: 29 Kitzbüheler Alpen;
Alpenverein: 34/2 Kitzbüheler Alpen Ost

**Summits in der Nähe**


16 Aurach – Gamshag
9 St. Jakob in Haus – Obwallerwand
10 Oberndorf in Tirol – Kitzbüheler Horn
11 Kitzbühel – Kitzbüheler Horn

**T2 • 630 Höhenmeter • 7 km • 3–4 Stunden**

**Charakteristik:** Rundtour mit Lift als Auf- und Abstiegshilfe, wunderschön am Wildsee gelegener Hütte und grandiosem Ausblick vom Fieberbrunner Hausberg und Summit. Bis zum Wildseeloderhaus für Familien und Kinder gut geeignet, der Gipfelanstieg ist etwas anspruchsvoller.

**Ausrüstung:** Wanderausrüstung, Badesachen

**Ausgangspunkt:** Talstation der Fieberbrunner Bergbahnen mit großem Parkplatz; mit dem Bus 8302 vom Bahnhof Fieberbrunn in wenigen Minuten zur Talstation

Mit den Fieberbrunner Bergbahnen geht es zuerst bis zur Bergstation Lärchfilzkogel (1654 m). Hinter der Bergstation auf dem Weg 711 über Almengelände leicht bergab zur Wildalm. Ab dieser auf breitem Wanderweg unschwierig bis zum Wildsee und zum Wildseeloderhaus (eine gute Stunde).

Für den Gipfelanstieg geht es rechts zwischen Wildseeloderhaus und See entlang. Bei der Abzweigung wieder rechts auf ein steiles Wiesenwegerl (Nr. 5) und in 45 Minuten auf den Summit von Fieberbrunn. Er bietet weite Ausblicke auf die Loferer und Leoganger Steinberge, das Kitzbüheler Horn, den Wilden Kaiser, in die Hohen Tauern, auf den Wildsee und die Henne. Der Abstieg folgt dem kurz ausgesetzten Gratstück nach Süden und umrundet den hinteren Talkessel des Wildseekares. Von der Einsattelung Seenieder über den Wanderweg zurück ans Ufer des Wildsees (Badesachen mitnehmen) und zum Wildseeloderhaus.

## Aurach bei Kitzbühel **Gamshag** 2 178 m **16**

**Ranking** 192 Tirol (277) 11 Bezirk (20) 42 Buch (89)

**Koordinaten** WGS 84: 47.364452, 12.467799

**Karten** BEV: BMN 122 Kitzbühel bzw. UTM 3214 Kitzbühel und 3220 Mittersill; Kompass: 29 Kitzbüheler Alpen; Alpenverein: 34/2 Kitzbüheler Alpen Ost

**Summits in der Nähe**


17 Jochberg – Geißstein

15 Fieberbrunn – Wildseeloder

10 Oberndorf in Tirol – Kitzbüheler Horn

11 Kitzbühel – Kitzbüheler Horn

**WS • 1400 Höhenmeter • 8 km (Aufstieg) • 4–5 Stunden ab der Bushaltestelle**

**Charakteristik:** Ab der Abzweigung zur Bochumer Hütte (Ende der Rodelstrecke) feine und nicht recht überlaufene Skitour mit mehreren Kombinationsmöglichkeiten auf benachbarte Gipfel. Der untere Teil dieser Skitour folgt einer Naturrodelbahn, hat daher relativ lang ins Frühjahr hinein eine Schnee-, meist Eisauflage.

**Ausrüstung:** Skitourenausrüstung

**Ausgangspunkt:** Parkplatz bei der Grüntalkapelle, einen Kilometer taleinwärts nach Osten in den Wiesenegggraben auf 900 Metern. Für Öffi-Anreisende verlängert sich der Zustieg von der Bushaltestelle Aurach bei Kitzbühel (Linie 4010), Hechenmoos um einen Kilometer und 70 Höhenmeter.

Die Tour startet am Parkplatz bei der kleinen Grüntalkapelle und führt auf der Rodelbahn hinauf in Richtung Bochumer Hütte (auch Kelchalm). Kurz vor der Abzweigung zu dieser flankieren Teile der Ruine des früheren Kupferbergbaues den Weg. Die Route geht geradewegs aus dem Wald heraus weiter zur Niederkaseralm, wo der Tristkogel links und die Scharte (Tor) zwischen den beiden Gipfeln und dem Gampenkogel rechts bereits in Sichtweite sind. Nach den Almgebäuden steigt man über den Graben und nach links durch den Wiesenhang hinauf zum Almweg, der zur Oberkaseralm führt. Man lässt diese hinter sich und geht geradeaus, wo die Streckenführung in feinem Skitourengelände in das Tor leitet. Aus diesem heraus nach rechts auf die Südseite des Gampenkogels, die Flanke

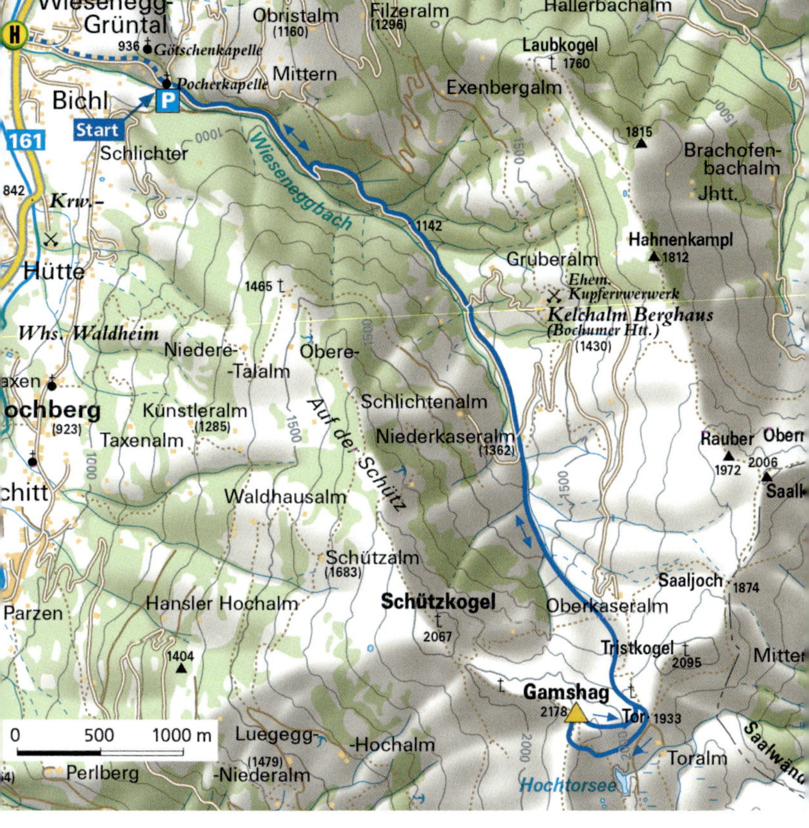


um den Felsriegel querend und steiler werdend geht es direkt von Süden auf den Gipfel.

Der Summit von Aurach befindet sich direkt beim Gipfelkreuz des Gamshag. Bei sicheren Schneeverhältnissen ist eine direkte Abfahrt vom Gipfel in die Scharte möglich. Ansonsten geht es entlang der Aufsteigsspur zu Tal.

# 17 Jochberg Geißstein 2 363 m

**Ranking** 166 Tirol (277) 7 Bezirk (20) 28 Buch (89)

**Koordinaten** WGS 84: 47.337433, 12.495194

**Karten** BEV: BMN 122 Kitzbühel bzw. UTM 3220 Mittersill; Kompass: 29 Kitzbüheler Alpen; Alpenverein: 34/2 Kitzbüheler Alpen Ost

**Summits in der Nähe**

16 Aurach – Gamshag

15 Fieberbrunn – Wildseeloder

18 Kirchberg in Tirol – Großer Rettenstein

★ Der Geißstein ist – weil er auch für die Salzburger Gemeinden Saalbach-Hinterglemm 100 und Stuhlfelden 113 der höchste Punkt im Gemeindegebiet ist – ein Triple-Summit.

 **T2 • 1450 Höhenmeter • 22 km • 7–8 Stunden**
**Charakteristik:** Lange, abwechslungsreiche Wanderung mit einem Finale für Trittsichere.
**Ausrüstung:** Wanderausrüstung, ev. Badesachen
**Ausgangspunkt:** Parkplatz Sintersbacher Wasserfall südlich von Jochberg; von der Bushaltestelle „Alte Wacht" (Linie 4010) bis zum Parkplatz sind es rund 1,5 Kilometer

Vom Parkplatz am nicht zu übersehenden Radfahr-Verbots-Schild vorbei und rechts auf den Wanderweg zum Sintersbach Wasserfall. Dieser verläuft, besonders im Frühjahr und nach Starkregenfällen diversen alpinen Gefahren (Rutschungen, Steinschlag) ausgesetzt, immer entlang des zum Teil tief eingeschnittenen Sintersbaches. Er ist, wenn keine Gefahr droht, aber um einiges netter zu gehen als die auf der orographisch rechten Seite verlaufende Forststraße. Wo das Gelände steiler wird, vereinigen sich die beiden Wege kurz unterhalb des Wasserfalls, der nach etwa einer Stunde erreicht wird. Der kurze Abstecher dorthin lohnt sich auf jeden Fall. Der Weg wird nun – immer im Wald verlaufend – noch steiler und flacht erst kurz vor Erreichen des weiten Talbodens der Sintersbach Grundalm etwas ab. Schräg links lässt sich kurz darauf der erste Blick auf das Tagesziel erhaschen. Bis zur Grundalm und auch noch danach geht es auf dem Almfahrweg weiter zur Hochalm. Dann auf dem Wanderweg in die Sintersbachscharte. Hier nach links zuerst auf dem beginnenden Westgrat und dann in die Südflanke des Geißsteins queren, in der bis spät ins Frühjahr Altschneefelder den Weg erheblich erschweren können. Direkt unterhalb des Gipfelaufbaus leiten die

rot-weißen Markierungen gegen Schluss steil auf den oberen Teil des Westgrats und teilweise etwas luftig zum Gipfelkreuz. Der höchste Punkt im Gemeindegebiet von Jochberg ist der Vermessungsstein nordwestlich des Gipfelkreuzes. Die Summits von Saalbach-Hinterglemm 100 und Stuhlfelden 113, beide in Salzburg, liegen jeweils im Bereich des Gipfelkreuzes und sind ein paar Zentimeter niedriger.

Retour auf dem gleichen Weg. Für eine allfällige Abkühlung im Sintersbach Badesachen mitnehmen. Möglichkeiten dafür gibt es entlang des Weges immer wieder.

**Variante:** Für Trittsichere und Schwindelfreie bietet sich ab der Sintersbachscharte der direkte Westgrat (der Beginn ist mit einer bodennahen Tafel „Gaißstein", hier mit „a", markiert) auf den Geißstein an.

## Kirchberg in Tirol **Großer Rettenstein** 2 366 m **18**

**Ranking** 165 Tirol (277) 6 Bezirk (20) 27 Buch (89)

**Koordinaten** WGS 84: 47.332605, 12.296615

**Karten** BEV: BMN 121 Neukirchen am Großvenediger bzw. UTM 3219 Neukirchen am Großvenediger; Kompass: 29 Kitzbüheler Alpen; Alpenverein: 34/1 Kitzbüheler Alpen West

**Summits in der Nähe**

**14** Brixen im Thale – Gampenkogel
**19** Westendorf – Kröndlberg
**16** Aurach – Gamshag

★ Nord-Süd-Überquerung der Kitzbüheler Alpen über den markanten Felsklotz des Großen Rettensteins

**T3 • 1500 Höhenmeter ↑ / 1670 Höhenmeter ↓ •**
**23 km • 9 Stunden**

**Charakteristik:** Recht lange, aber eher einfache Alm- und im Abstieg Forststraßenwanderung mit etwas anspruchsvollerer, ausgesetzter Summit-Kraxelei.
**Ausrüstung:** Wanderausrüstung
**Ausgangspunkt:** Bushaltestelle Kirchberg in Tirol, Aschau – Gasthof Falkenstein; Endpunkt: Bushaltestelle Bramberg, Mühlbach Ortsmitte

Von der Bushaltestelle geht es zu Beginn am Talboden auf der asphaltierten Fahrstraße am Parkplatz und an der Mautstelle vorbei (800 Meter von der Bushaltestelle). Nach einem weiteren guten Kilometer zweigt man links in den Wald auf den Wanderweg 715 Richtung Sonnwendalm und Großen Rettenstein ab. Nach der Sonnwendalm jetzt abwechselnd auf dem Wanderweg oder der Almstraße zur Schöntalalm. Vom weiten Talboden der Schöntalalm in einem großzügigen Rechtsbogen von Osten an die schroffen Wände des Großen Rettensteins. Auf diesen dann zunehmend steiler in mehreren Serpentinen hinauf und am Ende in leichter Kletterei auf den Gipfel mit dem massiven eisernen Gipfelkreuz. Dieses markiert aber nicht, wie unschwer zu erkennen ist, den höchsten Punkt des Rettensteins. Der Summit von Kirchberg liegt circa 70 Meter weiter südlich und kann durch eine ausgesetzte Kraxelei (II) über einen schmalen Grat zu dem mit zwei wuchtigen Steinmännern markierten Punkt erreicht werden. Wer zurück nach Aschau möchte, nimmt den gleichen Weg hinunter. Für die Überschreitung in den Pinzgau steigt man zuerst

Aschau
(1013)
Start
Oberlandhtt.
1011
Durachalm
Ebenaualm
Oberer Grund-Ache
Usterkaralm
(1640)
Saukaser-Hochalm
1903
Kleinmoosalm
(1624)
Ob. Kleinmoosalm
1829
Klammalm
3S-Bahn
Prieselbodenalm
1155
Wsst.
Burgruine Falkenstein
Schwarzkogel
2030
Hochalm
Hirzeggalm
(1553)
Sonnwendalm
Kloo-Niederalm
(1163)
Klooalm
1809
Schachen Hochalm
Höhenwanderweg
1380
Spießnägel
1880
Tennerualm
(1434)
Talsenhöhe
1928
Ragstattalm
-Niederalm
(1295)
Schöntalalm
(1601)
1867
Leger
-Hochalm
Gaux Niederalm
(1481)
Die Hex
1939
Blaue Lacke
(1866)
Schöntalscherm
Bärenbad
Blaufeldköpfe
2073
Rettensteinjoch
1928
Kleiner Rettenstein
2216
Gaux Hochalm
Gauxjoch
1739
(1430)
Rettensteinalm
Großer Rettenstein
2366
Trattenbach-Hochalm
(1828)
Trattenbachalm
(1628)
Schöntaljoch
2029
Roßgruberkogel
2156
Stangenjoch
1713
Zweitausender
2004
Madl Hochalm
Stangenalm
(1729)
Hartkaseralm
(1713)
1992
Panoramaalm
(1975)
Hartkaserhöhe
1900
Arnoweg
Baumgartenalm
(1402)
Madlalm
1333
Mühlbach
Wimmalm
1940
Hanglhöhe
Peilberg-Grundalm
(1529)
1265
Resterhöhe
Markgr.
Geisl Mitteralm
(1595)
Entscharn-Grundalm
(1446)
1228
Mühlbach
1136
Nassentalgr.
Ht. Schliefgr.
1063
1772
Entscharn Hochalm
Perill
Filzenhöhe
1921
1768
Wetterkreuz
2041
Schwein
Wildkogel
2224
1167
Au
Bergkristall
Mühlb
Schellenberg
Moosen
Geislhof
Obermühlbach
1827
Wieseraste
1340
0 500 1000 m
Birkl
Bramberg am Wildkogel
Bicheln
(834)
Mühlbach
165

den steilen Teil des Gipfelaufbaus wieder hinunter und an der ersten Weggabelung nach rechts Richtung Schöntaljoch. Über mäßig steile Wiesen, mehr auf Steigspuren als auf einem Wanderweg, geht es dann zur Madl Hochalm und danach auf dem Fahrweg zur Baumgart-Grundalm. Ab dieser wandert man das ziemlich genau zehn Kilometer lange Mühlbachtal mit einem Gegenanstieg am Ende hinaus, nach Au und auf dem Güterweg am Gasthof Geisl vorbei hinunter nach Mühlbach zur Bushaltestelle. Die etwas kürzere, direkte Verbindung entlang des Mühlbachs ist wegen Steinschlaggefahr gesperrt.

**Variante: Radstrecke: 15 km • 580 Höhenmeter**
**Wanderstrecke: 5,5 km • 750 Höhenmeter**

Von Aschau im Talboden der Unteren-Grund-Ache auf der ausgeschilderten MTB-Strecke 204 nach Süden durch das Landschaftsschutzgebiet Spertental – Rettenstein. Die Routenführung verläuft auf asphaltierter Straße in angenehmer Steigung bis zur Hintenbachalm (1 141 m) und wendet sich dort nach links Richtung Sonnwendalm und Schöntalalm (1 601 m). Ab der Schöntalalm zu Fuß weiter wie oben beschrieben.

## Westendorf nördlich des Kröndlbergs 2 436 m 19

**Ranking** 150 Tirol (277) 4 Bezirk (20) 21 Buch (89)

**Koordinaten** WGS 84: 47.301541, 12.164625

**Karten** BEV: BMN 121 Neukirchen am Großvenediger
bzw. UTM 3219 Neukirchen am Großvenediger;
Kompass: 29 Kitzbüheler Alpen;
Alpenverein: 34/1 Kitzbüheler Alpen West

**Summits in der Nähe**


18 Kirchberg in Tirol – Großer Rettenstein
21 Wildschönau – Großer Beil
20 Hopfgarten im Brixental – Torhelm

**T2 • 1200 Höhenmeter • 13,5 km • 7 Stunden**

**Charakteristik:** Wanderung mit einer kurzen, seilversicherten Querung und kurzem weglosen Stück zum Summit sowie aussichtsreiche Rundtour im Grenzgebiet Tirol/Salzburg. Im Frühsommer finden sich hier traumhafte Blumenwiesen und im Gipfelbereich wartet ein großartiger Ausblick auf die Hohen Tauern und die Zillertaler Alpen. Auf den Besuch des benachbarten Kröndlhorns mit der kleinen Kapelle auf dem Gipfel sowie auf einen Sprung in den idyllischen Reinkarsee sollte nicht verzichtet werden.

**Ausrüstung:** Wanderausrüstung, Badesachen

**Ausgangspunkt:** Parkplatz Foisching oder Baumgartenalm

Entweder man startet am Parkplatz Foisching und geht ein paar Meter zurück und über den Forstweg bis zum Wegweiser Reinkarsee/Kröndlhorn oder man beginnt die Wanderung kurz davor bei der Baumgartenalm und nimmt den Pfad, der rechts von der Straße abzweigt (beide Wege führen bald zusammen). Der Steig führt über Blumenwiesen und Bachläufe und quert mehrmals die Forststraße zur Oberkaralm. Von hier aus weiter Richtung Einsattelung und in einen Kessel mit großen Felsblöcken bis zum Sattel. Nach einer Hochebene mit vielen kleinen Teichen liegt der Reinkarsee (Foto vorherige Seite) idyllisch da. Den Wegweisern folgend geht es Richtung Kröndlhorn, wo man eine Stufe höher in einen weiteren Kessel gelangt. Hier erst unterhalb des Kröndlbergs vorbei und über eine kurze Seilversicherung zur Scharte zwischen Kröndlhorn und Kröndlberg. Das Kröndlhorn mit der kleinen Kapelle, die von hier in wenigen Minuten über Schuttwerk zu erreichen

ist, sollte man nicht auslassen. Beim Blick über die Schulter ist schon der Grat des Kröndlbergs erkennbar, wieder zurück zur Scharte und über einen schlecht ausgetretenen Pfad auf den Kamm. Diesem entlang rund 150 Meter zum Kröndlberg und weitere 35 Meter auf dem Grat bis zum Summit von Westendorf, der sich ohne Markierung mitten am Kamm befindet.
Der Abstieg führt wenige Minuten weglos Richtung Osten zum Aufstiegsweg, weiter zum Reinkarsee und nach einer Steilstufe entweder auf demselben Weg zurück oder, den Wegweisern folgend, zur Rotwand-Grundalm (Einkehrmöglichkeit). Von dort weiter talauswärts durch den Krumbachwald bis zum Ausgangspunkt.

**Variante mit Öffi-Anreise: Radstrecke: 1000 Höhenmeter • 26 km • 2 Stunden mit dem E-Bike • Wanderstrecke: 650 Höhenmeter • 5,5 km • 2 Stunden • gesamt rund 7–8 Stunden**
**Ausgangspunkt:** Bahnhof Westendorf

Vom Bahnhof in Westendorf erst kurz Richtung Osten (Brixen), dann gleich rechts abbiegen, unter der Bahnunterführung hindurch und der Straße bis zu einer Abzweigung folgen. Hier wieder rechts abbiegen und entlang der Straße Richtung Osten. Es geht weiter durch den Ortskern (ab hier als Mountainbikeroute 208 „Windautal – Filzenscharte" beschildert) und immer geradeaus Richtung Golfplatz. Die Straße krümmt sich nach links und führt taleinwärts, teils wieder bergab, zum Gasthof Jägerhäusl (Mautstelle).

Nach der Brücke links abbiegen, erst am Gasthof Steinberghütte, dann am Gasthof Gamskogelhütte vorbei und weiter zum Parkplatz Foisching nach der Baumgartenalm beim Holzlagerplatz. Hier macht der Forstweg eine Kurve nach links und führt über die Oberfoischingalm weiter taleinwärts. Wo links der Wanderweg zur Filzenscharte abzweigt, führt der Forstweg weiter, kurz abfallend bis zur Rotwand Grundalm.

Von hier geht es auf einem markierten Steig Richtung Rotwand Hinttalalm. Nach rechts abbiegen und weiter über einen Steig bis zum Reinkarsee. Von hier weiter wie oben beschrieben. Abstieg wie Aufstieg.

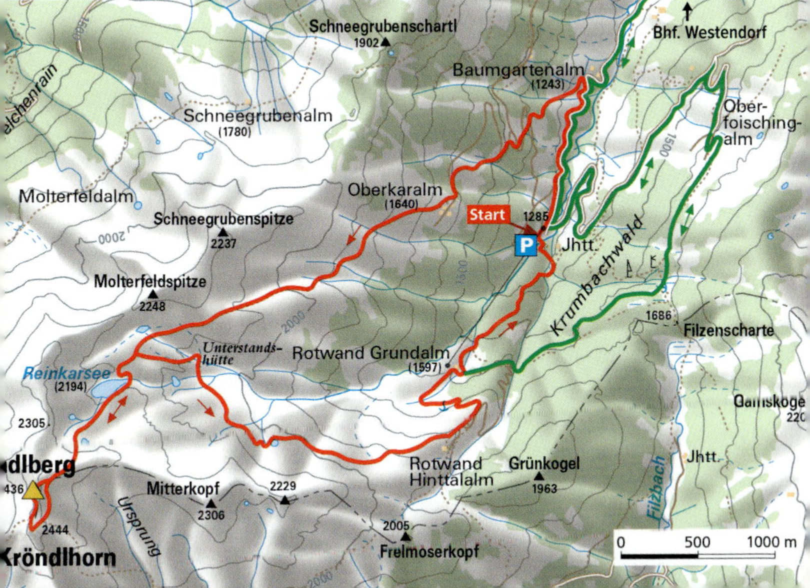

## 20 Hopfgarten im Brixental **Torhelm** 2 493 m

**Ranking** 141 Tirol (277) 3 Bezirk (20) 16 Buch (89)

**Koordinaten** WGS 84: 47.271449, 12.004086

**Karten** BEV: BMN 120 Wörgl, ev. 121 Neukirchen am Großvenediger bzw. UTM 3219 Neukirchen am Großvenediger; Kompass: 28 Vorderes Zillertal, ev. 29 Kitzbüheler Alpen; Alpenverein: 34/1 Kitzbüheler Alpen West

**Summits in der Nähe**

79 Stummerberg – Katzenkopf

80 Gerlosberg – Kreuzjoch

81 Rohrberg – Törljoch

★ nicht zu verwechseln mit dem gleichnamigen Summit von Hainzenberg in den Zillertaler Alpen 84

**T2 • 1100 Höhenmeter • 13 km • 6–7 Stunden**
**Charakteristik:** Mittelschwere, wenig besuchte Gipfeltour mit grandiosem Ausblick in die Zillertaler Alpen entlang von idyllischen Bachläufen, Almen und kleinen Bergseen.
**Ausrüstung:** Wanderausrüstung
**Ausgangspunkt:** Parkplatz Tiefentalalm (1441 m)

Von der Tiefentalalm immer taleinwärts dem Weg 77 folgend geht es auf einem Fahrweg am Bach entlang bis zur Oberkaralm (1612 m). Hier wird der Weg schmaler und führt aufwärts bis zur Öfeleralm (1988 m). Der Weiterweg geht an der Alm vorbei, immer auf den Gipfel zu, den man schon von Weitem sieht. Kurz vor dem Gipfel führt der Weg über grobe Felsblöcke, die jedoch leicht zu überwinden und gut markiert sind. Der Summit wartet mit Traumpanorama in die Kitzbüheler sowie die Zillertaler Alpen sowie in die Hohen Tauern.
Abstieg wie Aufstieg oder schöner und abwechslungsreicher an der Öfeleralm zu einer Rundtour nach links abzweigen. Dieser Weg (Nr. 77/1) führt über einen Steig an kleinen, idyllischen Seen vorbei erst zur Regenfeld-, dann zur Foissachalm (beide nicht bewirtschaftet). Nach den Almen am Ende steil hinab zur Tiefentalalm.

**Variante: zusätzlich 800 hm • 21 km • ca. 1 ½ Stunden mit E-Bike**
**Ausgangspunkt:** Bahnhof Hopfgarten/Berglift
Für die Anfahrt mit dem Rad hält man sich von Hopfgarten Richtung Kelchsau, immer der asphaltierten Hauptstraße entlang und fährt bis zur Mautstation. Dort geradeaus

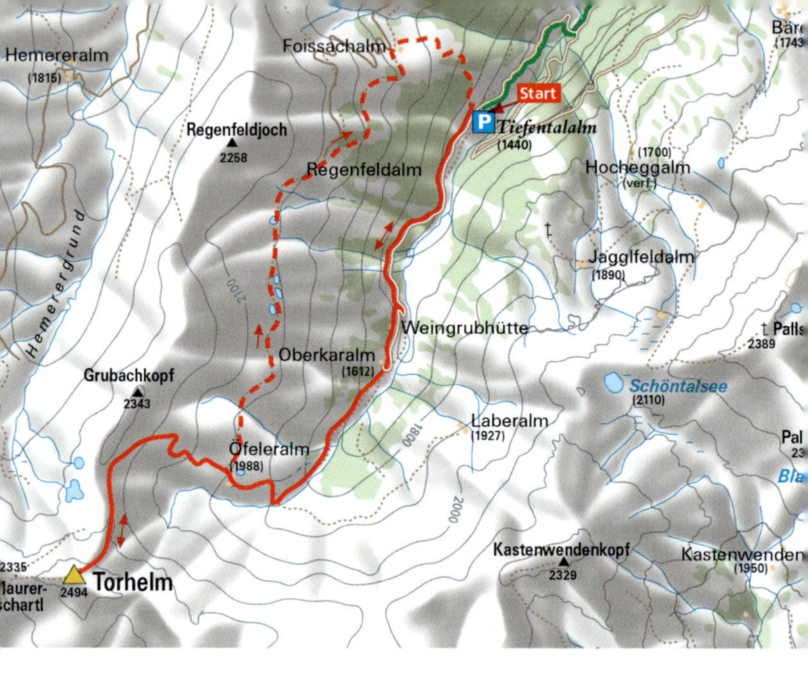


weiter in den Langen Grund, bis zum Gasthof Moderstock auf Asphalt und danach auf gut befahrbarem Forstweg zur Tiefentalalm. Wanderung wie beschrieben.

**Variante: WS • 1300 Höhenmeter • 9 km • 5 Stunden**
**Charakteristik:** Im Hochwinter einsame Skitour mit sehr langem, flachem Zustieg.
**Ausgangspunkt:** Parkplatz bei der Erla-Brennhütte, ab etwa Anfang Mai bei der Tiefentalalm (ca. eine Stunde Zeitersparnis)

Von der Erla-Brennhütte „hatscht" man zunächst taleinwärts bis zur Tiefental- und weiter bis zur Oberkaralm. Ab hier wird das Gelände skifahrerisch interessant. Die

Route führt weiter taleinwärts und dem Talkessel folgend geht es nach rechts bis zur Öfeleralm. Rechts des Grabens führt die Tour aufwärts bis zum Grat und auf diesem zum Gipfel.

Es gibt verschiedene Abfahrtsvarianten: Entweder Abfahrt wie Aufstieg oder bei sicheren Verhältnissen dem Grat Richtung Osten einige Meter zu einer steilen Rinne folgen und nordseitig zur Oberkaralm abfahren, dann weiter bis in den Talboden. Das Hinausschieben zur Erla-Brennhütte bleibt einem allerdings bei keiner der Varianten erspart.

# KUFSTEIN

**Galtenberg** 2 424 m (Alpbach) 22

**Ellmauer Halt** 2 341 m (Ellmau) 49

**6. Turm am Kopftörlgrat** 2 319 m (Kufstein) 48

**Großer Beil** 2 308 m (Wildschönau) 21

**Treffauer** 2 304 m (Scheffau am Wilden Kaiser) 50

**Rofanspitze** 2 259 m (Münster) 39

**östl. der Guffertspitze** 2 192 m (Brandenberg) 40

**Wiedersberger Horn** 2 127 m (Reith im Alpbachtal) 23

**Vordere Kesselschneid** 2 001 m (Walchsee) 46

**Vordere Kesselschneid** 2 000 m (Ebbs) 47

**Hinteres Sonnwendjoch** 1986 m (Thiersee) 41

**östl. des Rosskogels** 1907 m (Kramsach) 38

**nördlich der Gratlspitze** 1893 m (Brixlegg) 24

**Hohe Salve** 1828 m (Söll) 30

**östl. des Blessenbergs** 1733 m (Breitenbach a. Inn) 37

**Köglhörndl** 1645 m (Langkampfen) 34

**Hundsalmjoch** 1637 m (Angerberg) 35

**östl. des Hundsalmjochs** 1636 m (Mariastein) 36

**Spitzstein** 1597 m (Erl) 44

**Großer Pölven** 1589 m (Schwoich) 32

↴

KUFSTEIN

↓

**Großer Pölven** 1588 m (Bad Häring) 31

**Hochköpfl** 1539 m (Rettenschöss) 45

westl. des **Grassbergjöchls** 1498 m (Radfeld) 25

nordwestl. d. **Kragenjochs** 1420 m (Kundl) 27

nordwestl. des **Sonnberger Jöchls** 1232 m (Wörgl) 28

**Juffinger Jöchl** 1181 m (Kirchbichl) 29

nördl. von **Praschberg** 1056 m (Niederndorferberg) 43

südöstl. des **Erbhofs Daxau** 762 m (Niederndorf) 42

**Haslach, Hausnummer 5** 622 m (Angath) 33

südlich der **Burgruine** 609 m (Rattenberg) 26

## 21 Wildschönau **Großer Beil** 2 308 m

**Ranking** 175 Tirol (277) 4 Bezirk (30) 35 Buch (89)
**Koordinaten** WGS 84: 47.341482, 12.027030
**Karten** BEV: BMN 120 Wörgl bzw. UTM 3219 Neukirchen am Großvenediger; Kompass: 28 Vorderes Zillertal; Alpenverein: 34/1 Kitzbüheler Alpen West

**Summits in der Nähe**


78 Hart im Zillertal – Galtenberg
22 Alpbach – Galtenberg
20 Hopfgarten – Torhelm
79 Stummerberg – Katzenkopf


★ Beim Kreuz auf dem Sonnenjoch (2 292 m, Variante) treffen sich die Bezirksgrenzen von Kitzbühel, Kufstein und Schwaz.

**T2 • 1150 Höhenmeter • 15 km • 6–7 Stunden**
**Charakteristik:** Mittelschwierige Gipfelwanderung auf einen aussichtsreichen Panoramagipfel.
**Ausrüstung:** Wanderausrüstung
**Ausgangspunkt:** Parkplatz Schönangeralm (1 173 m)

Von der Schönangeralm geht es auf dem Wanderweg 5 über einen breiten Almweg vorbei an der Zirbenkapelle Richtung Kundlalm. Kurz vor der Alm zweigt der Kastensteig ab, der bald an Steilheit zulegt und teilweise über Steine, Wurzeln und kleine Bäche führt. Manche Stellen sind mit Drahtseilen versichert, jedoch nicht weiter schwierig. Ein kurzer Abstecher führt zum schönen Gressenstein-Wasserfall. Von hier nun am Glockhausstein (riesiger Steinblock, den der Teufel an diese Stelle geworfen haben soll) vorbei zur urigen Gressensteinalm auf 1 807 Meter. Der Weg 6 (rechts) führt in einen Talkessel, der von Felsblöcken aus einem Felssturz gekennzeichnet ist, erst leicht und später etwas steiler ansteigend zum Gipfel. Der Summit befindet sich direkt beim Gipfelkreuz. Von dort hat man herrliche Ausblicke über die Wildschönau, das Alpbachtal, den Wilden Kaiser, Rofan, das Karwendel und die Zillertaler Alpen. Abstieg wie Aufstieg.

**Variante mit zwei zusätzlichen Gipfeln:** Die Tour kann durch die Besteigung des Gressensteins und des Sonnjochs erweitert werden. Dazu folgt man dem ausgetretenen Grat Richtung Süden in stetigem Auf und Ab bis zum Sonnjoch. Von dort Richtung Nordosten wieder hinunter zur

Gressensteinalm. Hier sind Schwindelfreiheit und Trittsicherheit erforderlich. Für die Variante sollten zusätzlich 200 Höhenmeter und etwa 1 ¼ Stunden eingeplant werden.

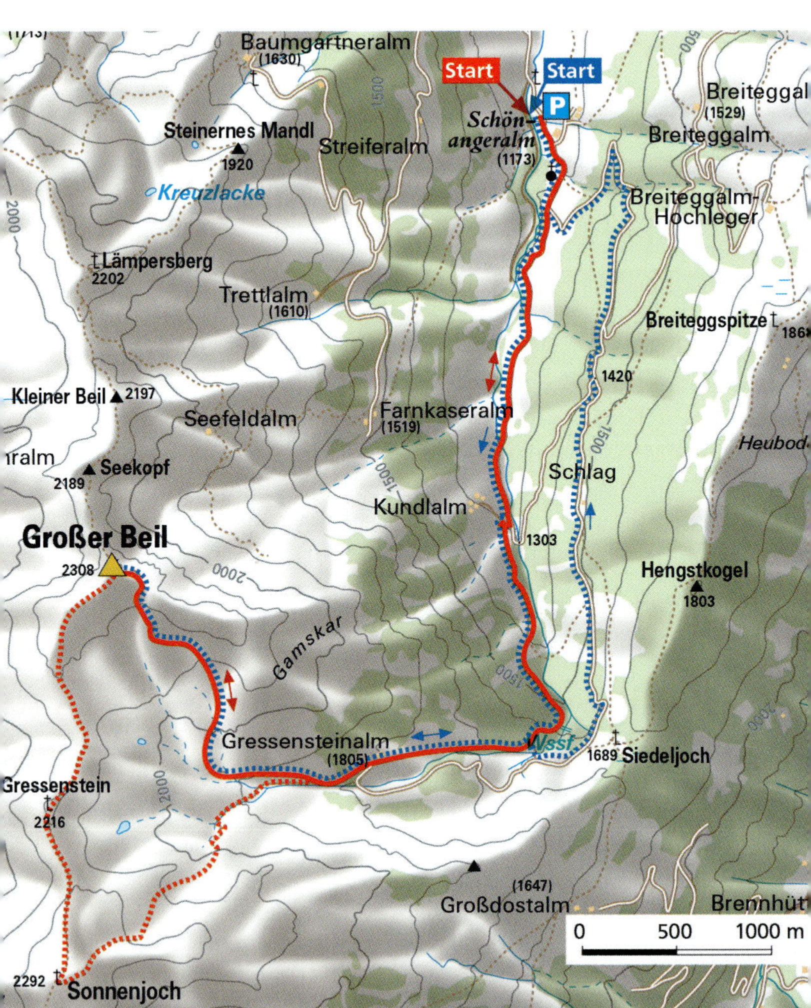

**Variante: WS • 1150 Höhenmeter • 7,5 km • 4 Stunden**
**Charakteristik:** Genussskitour mit steilem Anstieg im unteren Teil auf einen aussichtsreichen Gipfel.
**Ausrüstung:** Skitourenausrüstung
**Ausgangspunkt:** Schönangeralm (1173 m)

Die Skitour verläuft wie die Wanderung taleinwärts entlang der Loipe an der Kundlalm vorbei und der Beschilderung folgend über eine Wiese. Im Wald ist eine Steilstufe zu überwinden, die bei geringer Schneelage vereist sein kann. Hier lohnt es sich, die Harscheisen auszupacken oder die Ski ein paar Meter zu tragen. Ist dieser Abschnitt überwunden, kommt man bald aus dem Wald heraus und rechts vom Graben geht es in wunderschönem Skigelände bis zur Gressensteinalm. Von hier leicht rechts haltend noch über mehrere Plateaus zum steilen Gipfelaufschwung und zum Gipfel.
Die Abfahrt erfolgt über traumhaftes Skigelände bis zur Gressensteinalm und weiter Richtung Siedeljoch. Unterhalb vom Joch trifft man auf einen Forstweg, der bis zur Schönangeralm führt. Bei sehr guten Schneeverhältnissen ist auch eine Abfahrt entlang der Aufstiegsroute möglich.

## 22 Alpbach **Galtenberg** 2 424 m

**Ranking** 151 Tirol (277) 1 Bezirk (30) 22 Buch (89)

**Koordinaten** WGS 84: 47.336792, 11.975880

**Karten** BEV: BMN 120 Wörgl bzw. UTM 2224 Schwaz;
Kompass: 28 Vorderes Zillertal;
Alpenverein: 34/1 Kitzbüheler Alpen West

**Summits in der Nähe**

- 78 Hart im Zillertal – Galtenberg
- 21 Wildschönau – Großer Beil
- 23 Reith im Alpbachtal – Wiedersberger Horn
- 79 Stummerberg – Katzenkopf

★ höchster Summit im Bezirk Kufstein;
Doppelsummit mit 78 Hart im Zillertal.

**T2 • 1400 Höhenmeter • 16 km • 7–8 Stunden**

**Charakteristik:** Herrliche, Ausdauer erfordernde Rundtour auf den höchsten Gipfel im Bezirk Kufstein, inklusive 360-Grad-Rundumsicht.

**Ausrüstung:** Wanderausrüstung

**Ausgangspunkt:** Bushaltestelle Inneralpbach (Linie 4074), Parkplatz Pögelbahn

Die Tour beginnt bei der Bushaltestelle oder dem Parkplatz bei der Pögelbahn am Hotel Galtenberg. Es geht vorbei in Richtung Heimatmuseum (gut beschildert) und über eine Wiese zum Waldrand, wo man dem markierten

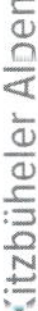

Start
Bichl
Egg
Böglalm
Inneralpbach
(1031)
Innerader
Greiter Bach
Lueger Bach
deggalm
ersberger
Radingeralm
(1427)
Buamalm
(1376)
Kühtala
Stettaueralm
(1360)
Jhtt. Alpenkreuz
Auer
Ebentalm
Greitergraben
Kolbentalalm
(1582)
aumgartenalm
608)
Salcheralm
Greitalm
(1320)
Heimjoch
2004
Lehenhütte
2020
Farmkehr-
Niederleger
(1521)
Farmkehr-
Hochleger
(1771)
Galtenberg
2424
2422
0
500
1000 m

Wanderweg A 37 bis zur Jagdhütte Alpenkreuz (1 647 m) folgt. Hier lichtet sich der Wald und der Weg leitet entlang des Bergrückens zu einer Weggabelung. Jetzt bergauf über steile Serpentinen auf den Gipfel. Der Summit von Alpbach befindet sich sechs Meter südlich des Gipfelkreuzes, jener von Hart im Zillertal weitere 17 Meter am Kamm entlang Richtung Süden.
Der Abstieg führt zurück zur Weggabelung und hier nach links zum Farmkehr-Hochleger und später zum Niederleger. Über einen Jagdsteig geht's hinunter zur Stettauer Alm und zurück zum Ausgangspunkt.

## 23 Reith im Alpbachtal
## Wiedersberger Horn 2127 m

**Ranking** 202 Tirol (277) 8 Bezirk (30) 46 Buch (89)

**Koordinaten** WGS 84: 47.361251, 11.922863

**Karten** BEV: BMN 120 Wörgl bzw. UTM 2224 Schwaz;
Kompass: 28 Vorderes Zillertal;
Alpenverein: 34/1 Kitzbüheler Alpen West

**Summits in der Nähe**

76 Bruck am Ziller – östlich des Speicherteichs
22 Alpbach – Galtenberg
78 Hart im Zillertal – Galtenberg
77 Stumm – nordwestlich der Dristalaste

**T1 • gesamt 1020 Höhenmeter • 18,5 km • 4 Stunden davon Radstrecke: 740 Höhenmeter • 15 km • Wanderstrecke: 280 Höhenmeter • 3,5 km**

**Charakteristik:** beliebte MTB-Strecke auf einem Teil der als schwierig bewerteten Route 320 „Reith im Alpbachtal – Hornboden" mit kurzer Gipfelwanderung

**Ausrüstung:** Mountainbike, Wanderausrüstung

**Ausgangspunkt:** Parkplatz beim Kerschbaumersattel auf 1111 Meter.

Vom Parkplatz beim Kerschbaumersattel geht es auf der ausgeschilderten MTB-Strecke 320 nach Osten an der Wildsauhütte und der Hochlindalm vorbei Richtung Hornboden. Nach der Hochlindalm, wenn die Forststraße Richtung Süden zum neuen Speicherteich Kohlgrube dreht, wird diese stellenweise steiler. Bei der Bergstation der Wiedersbergerhornbahn II (Dauerstoa Alm, Gasthof Hornboden) ist die Radstrecke zu Ende. Jetzt zu Fuß nach Süden auf dem markierten Wanderweg direkt am Grat entlang mit einer kurzen seilversicherten Stelle auf den Summit von Reith im Alpbachtal. Das Gipfelkreuz steht genau am Schnittpunkt der drei Gemeindegrenzen Reith, Alpbach und Hart. Der Abstieg kann alternativ durch die Ostflanke retour zu den Rädern erfolgen.

**Abstecher:** Zwischen Hechenblaikenalm (jetzt Wildsauhütte) und Hochlindalm zweigt eine Forststraße nach rechts zum Jochanger Speicherteich und zum Summit von Bruck am Ziller **76** (siehe auch Seite 264 ff.) ab. GPS-Gerät erforderlich, 100 Höhenmeter und einen Kilometer mehr.

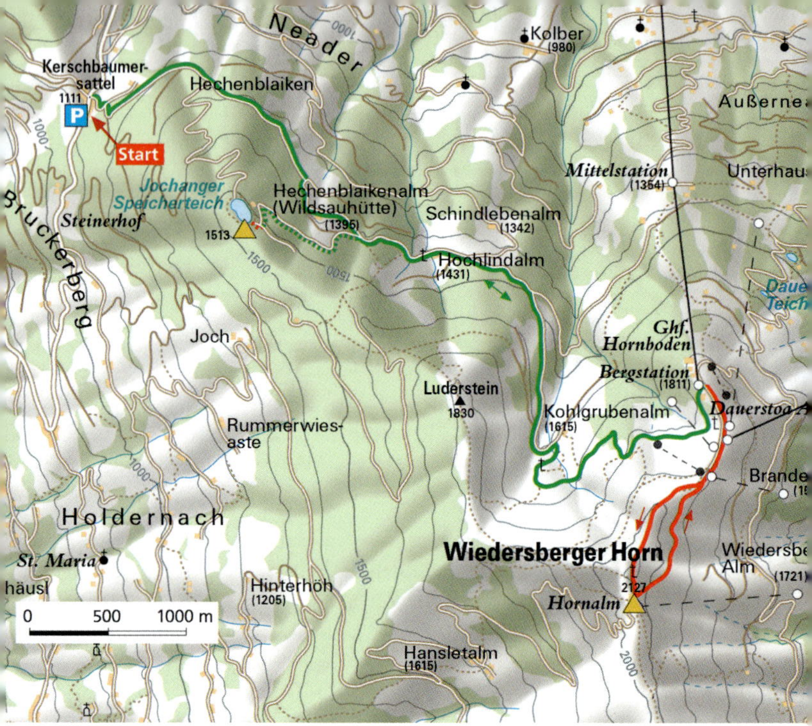

**Variante für Öffi-Anreisende: 280 Höhenmeter • 3,5 km • 1 Stunde**

**Ausgangspunkt:** Haltestelle Alpbach/Wiederbergerhornbahn (Linie 620); Auffahrt bis zur Bergstation

Die Wanderung startet bei der Bergstation der Wiedersbergerhornbahn und folgt der Route wie oben beschrieben.

## Brixlegg nördlich der Gratlspitze 1893 m 24

Ranking 224 Tirol (277) 13 Bezirk (30) 57 Buch (89)

Koordinaten WGS 84: 47.415269, 11.947758

Karten BEV: BMN 120 Wörgl bzw. UTM 2218 Kundl;
Kompass: 28 Vorderes Zillertal;
Alpenverein: 34/1 Kitzbüheler Alpen West

Summits in der Nähe

25 Radfeld – Grassbergjöchl
26 Rattenberg – südliche Burgwehrmauern
76 Bruck am Ziller – östlich des Speicherteichs

**T2 • Radstrecke: 900 Höhenmeter • 9 km • 2 Stunden • Wanderstrecke: 500 Höhenmeter • 6,5 km • 2 ½ Stunden**

**Charakteristik:** Radtour über Asphaltstraßen und Forstwege mit anschließender Wanderung zu einem aussichtsreichen Gipfel.

**Ausrüstung:** Wanderausrüstung und (optional) Mountainbike

**Ausgangspunkt:** Bahnhof Brixlegg (Bike-and-Hike) oder Parkplatz Holzalm (nur Wanderung)

Vom Bahnhof in Brixlegg startet man Richtung Bundesstraße, überquert diese und fährt weiter in den Ortskern. Bei der ersten größeren Abzweigung nach etwa 500 Metern (beim Gemeindeamt) geht es nach links und nach 300 Metern wieder links. Man befindet sich bereits auf der Mountainbikeroute 313 „Holzalm“ (Brixlegg). Die Route folgt immer dem Straßenverlauf aufwärts über Zimmermoos zum ehemaligen Gasthof Alpenrose. Ab der Schwarzenberg-Kapelle wird die Asphaltstraße zum Forstweg und führt zum Gasthof Holzalm (bis zum Parkplatz kurz vor der Alm ist auch eine Auffahrt mit dem Auto möglich).

Hier lässt man das Bike stehen und geht zu Fuß weiter. Gleich hinter der Alm geht ein Pfad in den Wald mit der Beschilderung „Gratlspitz – Alpbach“. Der Weg leitet in stetiger Steigung in Serpentinen aufwärts, einmal mit kurzer, unschwieriger Seilversicherung, bis zum Gipfelkreuz auf der Gratlspitze. Der Summit befindet sich etwa 30 Meter nördlich davon auf einem grasigen Aussichtsplateau.

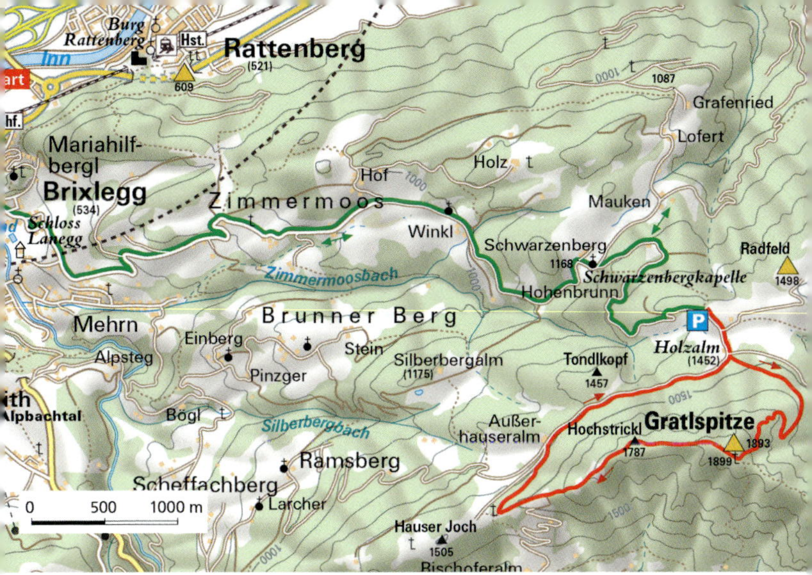

Der Rückweg erfolgt entweder auf dem gleichen Weg oder als Rundtour über den Vorgipfel mit der Panoramabank und weiter Richtung Westen steil bergab entlang des Kammes. Es gibt einen kurzen Gegenanstieg zu meistern, zum schönen Aussichtsplatz auf dem Hochstrickl, bevor eine kurze, versicherte Felsstufe zu überwinden ist. Man passiert eine Rodelhütte und gelangt bald zu einem Forstweg, bei dem man scharf rechts abzweigt und gemütlich zurück zur Holzalm wandert.

# 25 Radfeld
## 580 m westlich des Grassbergjöchls 1498 m

**Ranking** 250 Tirol (277) 23 Bezirk (30) 76 Buch (89)

**Koordinaten** WGS 84: 47.426208, 11.951570

**Karten** BEV: BMN 120 Wörgl bzw. UTM 2218 Kundl;
Kompass: 28 Vorderes Zillertal;
Alpenverein: 34/1 Kitzbüheler Alpen West

**Summits in der Nähe**


24 Brixlegg – Gratlspitze
26 Rattenberg – südliche Burgwehrmauern
27 Kundl – Kragenjoch

**1000 Höhenmeter • 12,5 km • 2 ½ Stunden**
**Charakteristik:** Asphaltstraßen und Forstwege
**Ausgangspunkt:** Bahnhof Rattenberg-Kramsach

Vom Bahnhof geht es zuerst Richtung Osten kurz auf die Hauptstraße und anschließend links auf die vielbefahrene Tiroler Bundesstraße. Diese verlässt man jedoch nach rund 500 Metern schon wieder und biegt nach rechts auf einen Fahrweg in die Felder ab. Diesem läuft am Waldrand entlang bis zur offiziellen Mountainbikeroute 336 „Radfeld – Grafenried – Holzalm". Von hier gut beschildert durch den Maukenwald in Kehren zum Grafenrieder Kreuz und dann auf der Asphaltstraße zur Schwarzenbergkapelle (Foto links). Hier biegt man scharf links ab. Der Weg geht bald wieder in einen Forstweg über, und führt weiter in Kehren bis zur Holzalm. Bei der Alm nach links und weiter Richtung Grassbergjöchl. Nach einer scharfen Linkskurve wird eine Anhöhe erreicht. Hier das Rad stehen lassen und weglos 100 Meter Richtung Nordwesten über Almflächen zum Summit von Radfeld (GPS-Gerät notwendig).

# 26 Rattenberg
## südlich der südlichen Burgwehrmauern 609 m

**Ranking** 276 Tirol (277) 30 Bezirk (30) 88 Buch (89)

**Koordinaten** WGS 84: 47.437617, 11.893360

**Karten** BEV: BMN 120 Wörgl bzw. UTM 2218 Kundl;
Kompass: 28 Vorderes Zillertal;
Alpenverein: 34/1 Kitzbüheler Alpen West

**Summits in der Nähe**

25 Radfeld – Grassbergjöchl
24 Brixlegg – Gratlspitze
38 Kramsach – Rosskogel

 niedrigster Summit im Bezirk Kufstein

**T1 • 100 Höhenmeter • 1,5 km • 45 Minuten**

**Charakteristik:** Ideale Einstiegssummittour, im Bereich des Summits besteht allerdings Absturzgefahr! Der unmarkierte Summit liegt oberhalb der Burgmauern von Rattenberg. Ein Besuch der Burg, der traditionellen Glasbetriebe und des mittelalterlichen Stadtkerns der flächenmäßig kleinsten Gemeinde Österreichs lohnt sich unbedingt.

**Ausrüstung:** leichte Wanderschuhe

**Ausgangspunkt:** Bahnhof Rattenberg; für Autoanreisende bestehen große gebührenpflichtige Parkplätze am westlichen Stadtrand

Vom Bahnhof Rattenberg (das Bahnhofsgebäude liegt wenige Meter außerhalb der Stadtgrenze von Rattenberg) zunächst nach Westen und nach 50 Metern links in die Bienerstraße. Dieser in einer leichten Linkskurve kurz folgen und gleich nach dem kleinen Stadttor rechterhand entlang der Wegweiser zum Oberen Schlossberg. Für das gesamte Burggelände gilt erhöhte Vorsicht wegen Absturzgefahr. Nun auf dem einfach zu gehenden, in mehreren Serpentinen angelegten Waldweg bis zur Abzweigung auf Höhe des mächtigen Mittelrondells des Oberen Schlosses. Vor dem Halsgraben, angelegt zwischen den Burgmauern rechter- und der Felswand linkerhand nochmals kurz steil links bergan. Vor Erreichen des geschotterten Fahrweges auf der rechten Seite, direkt oberhalb der nun rechts liegenden Felswand, findet sich ein markanter Wurzelstock an dem ansonsten unmarkierten höchsten Punkt von Rattenberg. Von der Burganlage eine Etage tiefer eröffnen sich schöne Blicke auf die Stadt Rattenberg und ins Inntal.

# 27 Kundl nordwestlich des Kragenjochs 1420 m

**Ranking** 254 Tirol (277) 24 Bezirk (30) 78 Buch (89)

**Koordinaten** WGS 84: 47.450569, 12.020043

**Karten** BEV: BMN 120 Wörgl bzw. UTM 2218 Kundl und 3213 Kufstein; Kompass: 28 Vorderes Zillertal; Alpenverein: 34/1 Kitzbüheler Alpen West

**Summits in der Nähe**

**28** Wörgl – Sonnberger Jöchl

**25** Radfeld – Grassbergjöchl

**24** Brixlegg – Gratlspitze

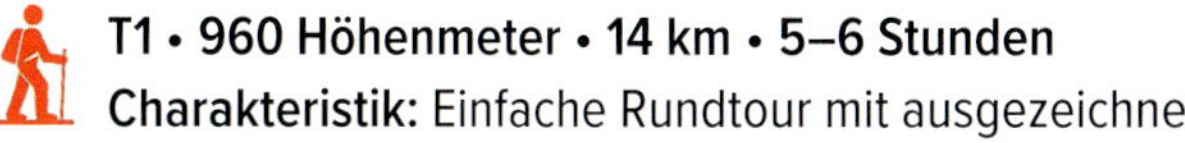

**T1 • 960 Höhenmeter • 14 km • 5–6 Stunden**

**Charakteristik:** Einfache Rundtour mit ausgezeichneter Öffi-Erreichbarkeit.

**Ausrüstung:** Wanderausrüstung, GPS-Gerät

**Ausgangspunkt:** Bahnhof Kundl

Vom Bahnhof Kundl – am besten via Hüttstraße und Austraße, dann über die Wildschönauer Ache und entlang der Schieferrollstraße – Richtung Kundler Klamm und Ruine Kundlburg. Nach links in den Schießstandweg zur weithin sichtbaren Kapelle am Waldrand, an der es auf dem ausgeschilderten Besinnungsweg vorbei bis zur Burg geht. Der breit angelegte Wanderweg führt hoch über der Kundler Klamm zur Brachalm und dahinter auf den flachen, breiten, waldbestandenen Rücken des Schönberger Joches (auch

Bracher Joch genannt) hinauf. Auf diesem dann, manchmal etwas unwegsam, nach Osten zur Einmündung (kurze Seilversicherung) in die breite Forststraße. Nach gut einem halben Kilometer unvermittelt scharf rechts ab (Wegweiser nach Oberau und zur Achentalalm). Nach dem Gatter den markierten Weg nach rechts verlassen und leicht ansteigend über die Wiese zum Bildbaum auf dem Kragenjoch. Der Summit von Kundl liegt 25 Meter nordwestlich und rund fünf Meter niedriger unmittelbar vor dem Weidezaun (GPS-Gerät erforderlich).
Für die Rundtour geht es wieder zurück auf die Forststraße, diese dann bergab und fallweise auf Abschneidern über die Wiese zur Kragen-Niederalm. Jetzt entlang des markierten Steiges retour zum Klammeingang und zum Bahnhof.

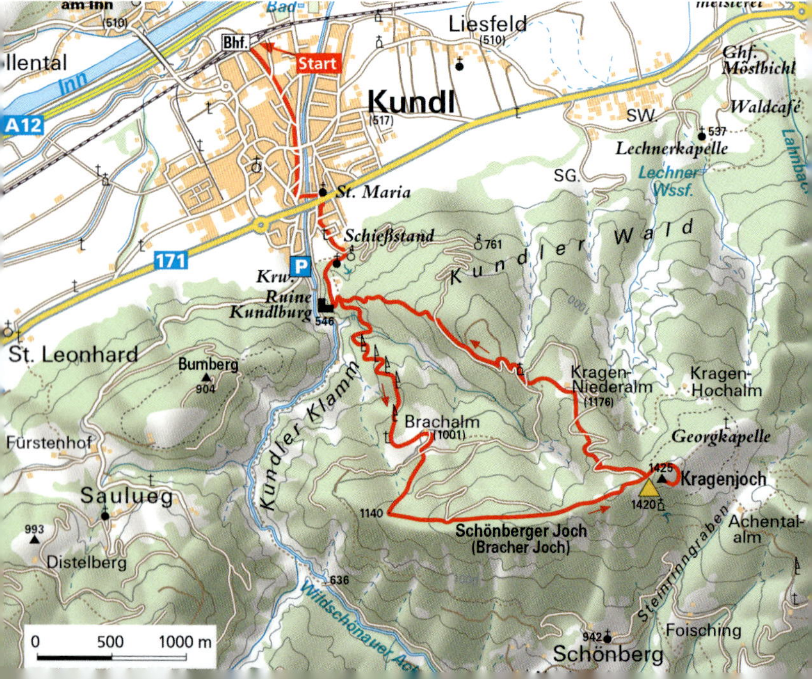

## Wörgl 385 Meter nordwestlich des Sonnberger Jöchls 1232 m **28**

**Ranking** 258 Tirol (277) 25 Bezirk (30) 80 Buch (89)

**Koordinaten** WGS 84: 47.461093, 12.064881

**Karten** BEV: BMN 120 Wörgl bzw. UTM 3213 Kufstein; Kompass: 28 Vorderes Zillertal; Alpenverein: 34/1 Kitzbüheler Alpen West

**Summits in der Nähe**


- 27 Kundl – Kragenjoch
- 33 Angath – Haslach
- 29 Kirchbichl – Juffinger Jöchl

**T2 • 650 Höhenmeter • 10 km • 3 ½ Stunden**
**Charakteristik:** Aussichtsreiche Rundtour in schönem Mischwald, die zu jeder Jahreszeit möglich ist.
**Ausrüstung:** Wanderausrüstung
**Ausgangspunkt:** Bushaltestelle Wörgl/Hennersberg (Linie 770) oder Parkmöglichkeit circa 300 Meter nach der Abzweigung bei der Bushaltestelle.

Von der Bushaltestelle Wörgl/Hennersberg führt eine Straße nach einer Linkskurve an ein paar Häusern, einem Parkplatz und dem Hennersbergerhof vorbei und über eine Wiese am Waldrand entlang zu einem Waldweg. Hier trifft man auf einen Steig, der direkt von Wörgl heraufkommt. Nach knapp hundert Metern teilt sich der Weg, wobei der linke Ast gewählt wird (auf dem rechten Weg kommt man später wieder zurück). Nun schlängelt sich der sogenannte Himmelsleitersteig in steilen Serpentinen im Mischwald nach oben (gelbe Punkte), bis er auf einen Fahrweg trifft. Diesen überqueren und erst flacher weiter, später über Holzstufen in kurzen Kehren zum Gipfelfelsen des Eissteins. Wenige Meter östlich wartet eine gemütliche Sitzbank mit Aussicht ins Inntal.
Weiter geht's über einen markierten, wurzeligen Waldsteig hinunter zur Kochhütte und bei der Weggabelung nach rechts über einen Forstweg Richtung Sonnberger Jöchl. Zum Summit von Wörgl zweigt man unterhalb des Sonnberger Jöchls vor einer langen Linkskurve rechts in den Wald ab. Der Summit ist nur mittels GPS-Gerät genau verortbar. Etwa 100 Meter westlich des Summits befindet sich eine Lichtung, von der ein Weg in Serpentinen nach

unten zum Zauberwinkel führt. Bei den ersten Häusern im Zauberwinkel (vor der ersten Kreuzung) scharf rechts und dann geht es über den sogenannten Zaubersteig zurück zum Ausgangspunkt.

# 29 Kirchbichl Juffinger Jöchl 1181 m

**Ranking** 259 Tirol (277) 26 Bezirk (30) 81 Buch (89)

**Koordinaten** WGS 84: 47.494795, 12.139441

**Karten** BEV: BMN 121 Neukirchen am Großvenediger bzw. UTM 3213 Kufstein; Kompass: 9 Kaisergebirge; Alpenverein: 34/1 Kitzbüheler Alpen West

**Summits in der Nähe**


31 Bad Häring – Großer Pölven

32 Schwoich – Großer Pölven

13 Itter – nördlich der Kleinen Salve

30 Söll – Hohe Salve

**T1 • 650 Höhenmeter • 10 km • 3 ½ Stunden**

**Charakteristik:** Leichte Halbtagswanderung, die zu jeder Jahreszeit möglich ist.

**Ausrüstung:** Wanderausrüstung

**Ausgangspunkt:** Haltestelle Kirchbichler Boden/Luech (Linie 760), Parkplatz gegenüber des Gasthofes Luech

Vom Gasthof Luech startet die Tour auf einer Straße Richtung Westen an ein paar Häusern vorbei, bis etwa auf Höhe des Kreisverkehrs der Römerweg rechts nach oben abzweigt. Die Asphaltstraße führt erst durch den Wald, dann an einem Hof vorbei und erneut in den Wald, zu einer Abzweigung nach rechts. Der Straße entlang zum letzten Hof (Schleichberg), hinter dem ein markierter Steig erst flach, dann steil nach oben in den Mischwald führt. Vor dem Gasthof Stallhäusl zweigt ein Steig scharf links ab (6 A). Bei einer weiteren Weggabelung biegt man dann scharf nach rechts ab und folgt dem Wanderweg zum Summit von Kirchbichl, aufs gemütliche Juffinger Jöchl (Paisslberg), wo ein Kreuz mit Sitzbank und eine fantastische Aussicht warten.

Für den Abstieg auf dem Weg weiter Richtung Osten, bis man auf einen Fahrweg stößt, hier nach rechts zum Ortsteil Juffing und zum Gasthof Stallhäusl, der zum Verweilen einlädt. Von hier denselben Weg zurück zum Ausgangspunkt.

# 30 Söll **Hohe Salve** 1828 m

**Ranking** 226 Tirol (277) 14 Bezirk (30) 58 Buch (89)

**Koordinaten** WGS 84: 47.465260, 12.203918

**Karten** BEV: BMN 90 Kufstein und 121 Neukirchen am Großvenediger bzw. UTM 3213 Kufstein; Kompass: 9 Kaisergebirge; Alpenverein: 34/1 Kitzbüheler Alpen West

**Summits in der Nähe**

13 Itter – nördlich der Kleinen Salve
29 Kirchbichl – Juffinger Jöchl
31 Bad Häring – Großer Pölven
32 Schwoich – Großer Pölven

**T2 • 5–6 Stunden**
**Radstrecke: 700 Höhenmeter • 9,5 km**
**Wanderstrecke: 500 Höhenmeter • 2,5 km**
**Charakteristik:** Abwechslungsreiche Bike-and-Hike-Tour in Skigebietsnähe auf einen Aussichtsgipfel und zu einer der höchstgelegenen Wallfahrtskirchen Österreichs (Johanneskapelle oder Salvenkirchlein).
**Ausrüstung:** Mountainbike und Wanderausrüstung
**Ausgangspunkt:** Dorfzentrum in Söll, Bushaltestelle Söll/Dorf (Linien 4060 oder 4902) oder öffentlicher Parkplatz West Pölven östlich vom Supermarkt-Parkplatz.

Vom Dorfzentrum geht's Richtung Süden über eine Asphaltstraße bis zur Talstation der Gondel und rechts durch eine Unterführung Richtung Salvenberg. Die Mountainbikeroute ist mit der Nr. 350 „Söll – Hochsöll" beschildert. Über mehrere Serpentinen zieht sich die Strecke bis zur Bergstation, wo sich auch das Kinderparadies „Hexenwasser" befindet. Hinter der Bergstation nach der Gründlalm nach links weiter. Die Routenbezeichnung ändert sich hier auf Nr. 265 „Hochbrixen – Hochsöll". Nach den versteckten Steinriesen und einer kurzen Steigung erreicht man eine alte Liftstation und es geht erneut nach links, erst zur Silleralm und dann zum Filzalmsee. Am Ende des Sees rechts am See entlang und zur Filzalm weiterfahren, wo der Radweg zu Ende ist und das Rad abgestellt wird.

Zu Fuß nun an der Jordankapelle vorbei zum Salvensee, rechts haltend und immer ansteigend an der Bergstation der Kälbersalvenbahn vorbei und in Serpentinen zur

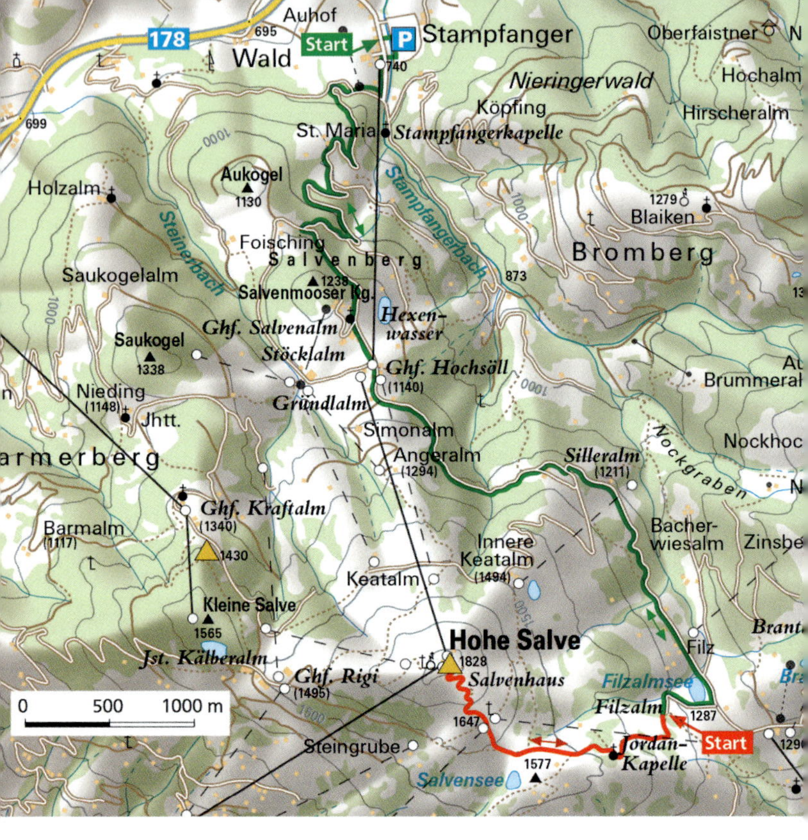


Wallfahrtskirche auf dem Gipfel der hohen Salve. Der höchste Punkt von Söll befindet sich nördlich des Gipfelrestaurants, genau dort, wo der Schmetterling am Spielplatz ist.

Abstieg wie Aufstieg.

## Bad Häring Großer Pölven, nordöstlich des Mittagskogels 1588 m 31

**Ranking** 244 Tirol (277) 21 Bezirk (30) 72 Buch (89)

**Koordinaten** WGS 84: 47.510560, 12.151038

**Karten** BEV: BMN 90 Kufstein bzw. UTM 3213 Kufstein; Kompass: 9 Kaisergebirge

**Summits in der Nähe**

- **32** Schwoich – Großer Pölven
- **29** Kirchbichl Juffinger Jöchl
- **13** Itter – nördlich der Kleinen Salve

 **T3 • mit kurzem Klettersteig A/kurze Stelle B • 1200 Höhenmeter • 13 km • 6 Stunden**

**Charakteristik:** Rundtour, bei der sich leicht der Summit von Schwoich **32** „mitnehmen" lässt. Dieser liegt nur 100 Meter weiter östlich. Somit wird diese Runde eine feine Doppel-Summit-Tour.

**Ausrüstung:** Wanderausrüstung, ev. Klettersteigausrüstung

**Ausgangspunkt:** Parkplatz Bad Häring/Burg oder Bushaltestelle Bad Häring/Bergheim (Linie 4026)

Die Wanderung beginnt man Ende der Burgstraße. Der Fahrstraße im Tal (Wegweiser „Großer Pölven, Lengauer Klettersteig A/B") bis zum links in den Wald abzweigenden, steilen Wanderweg eine halbe Stunde folgen. Dieser mündet ohne Orientierungsschwierigkeiten in den mit Seilen und einer etwa 12 Meter langen Leiter gesicherten, leichten Klettersteig. Geübten wird dieser keine Probleme bereiten, für Anfänger und Kinder ist die Verwendung eines Klettersteigsets ratsam. An seinem oberen Ende eröffnet sich beim ersten Gipfelkreuz dieser Überschreitung, dem Häringer Kreuz (Pölvenkreuz, Bild vorherige Seite), ein weiter Blick nach Westen ins Inntal. Auf dem breiten Rücken des Pölven geht es nun auf dem lieblichen Waldwegerl zum Gipfelkreuz des Mittagskogels, das offensichtlich nicht auf dem höchsten Punkt des Pölven steht. Dieser liegt etwas südlich auf 1594 Meter Seehöhe im Gemeindegebiet von Söll. Mit dem GPS-Gerät noch etwas weiter nach Nordosten zum unmarkierten, überwachsenen und etwas höher (1587,63 m) gelegenen höchsten Punkt im Gemeindegebiet von Bad Häring.

Der Summit von Schwoich liegt rund 100 Meter weiter östlich und ist auf Basis der Laserscandaten geringfügig höher (1 588,85 m), ist ebenso unmarkiert, schmucklos und überwachsen und ebenfalls nur mit GPS genau aufzufinden. Für die Rundtour erfolgt der Abstieg in die Scharte, die den Großen vom Kleinen Pölven trennt. Dann geht es auf Letzteren hinauf und danach stellenweise recht steil, teilweise wiederum mit kurzen seilversicherten Stellen und feuchten Waldpassagen Richtung Peppenau wieder hinunter. Kurz vor Waldschönau, beim Holzlagerplatz am Waldrand, vom angeschriebenen Pölven-Rundweg nach links auf einen Traktorweg in den Wald hinein. Dieser mündet in ein unscheinbares, aber gut erkennbares Waldwegerl, das wiederum in die Forststraße (links bergauf halten) mündet, die nach Burg und zum Ausgangspunkt zurückführt.

**Variante vom Bahnhof Wörgl aus:**
**zusätzliche Radstrecke: 160 Höhenmeter • 15 km •**
**1 ¼ Stunden (hin und retour)**
**Ausgangspunkt:** Bahnhof Wörgl

Mit dem Rad geht es vom Bahnhof Wörgl größtenteils auf Radwegen in einer Dreiviertelstunde nach Bad Häring/ Burg. Anschließend zu Fuß wie oben beschrieben.

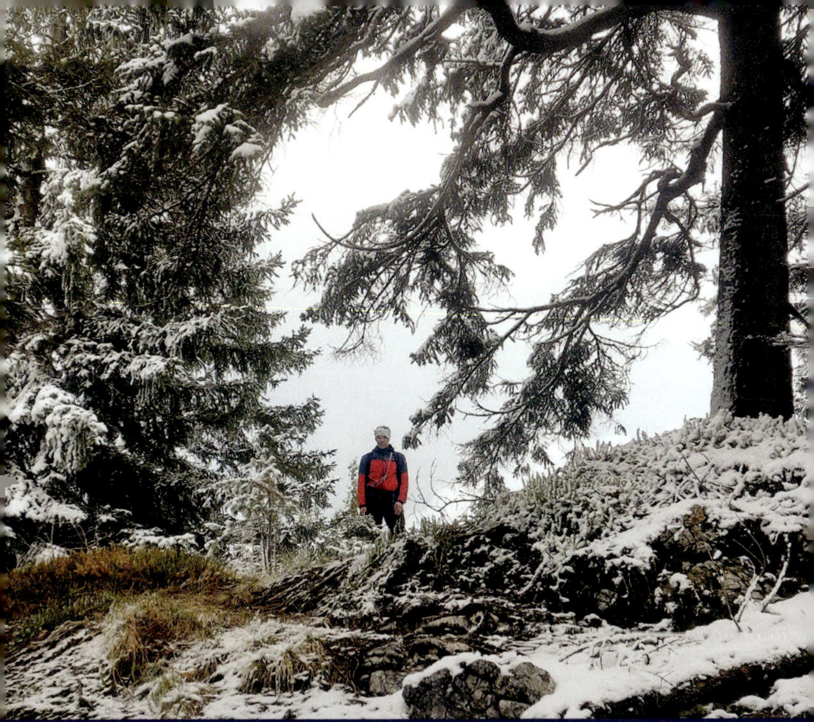

## Schwoich Großer Pölven, nordöstlich des Mittagskogels 1589 m 32

**Ranking** 243 Tirol (277) 20 Bezirk (30) 71 Buch (89)

**Koordinaten** WGS 84: 47.510920, 12.152275

**Karten** BEV: BMN 90 Kufstein bzw. UTM 3213 Kufstein; Kompass: 9 Kaisergebirge

**Summits in der Nähe**

31 Bad Häring – Großer Pölven

29 Kirchbichl – Juffinger Jöchl

13 Itter – nördlich der Kleinen Salve

 **T3 • 1300 Höhenmeter • 13 km ab Bushaltestelle • 6–7 Stunden**

**Charakteristik:** Öffi-Tour auf den markanten Aussichtsberg. Der Summit von Bad Häring **31** liegt nur 100 Meter weiter westlich. Somit kann man leicht den zweiten noch „einsammeln".

**Ausrüstung:** Wanderausrüstung

**Ausgangspunkt:** Parkplatz beim Sportplatz in Schwoich oder Bushaltestelle Schwoich/Tischlerei Exenberger (Linie 4026)

Vom Parkplatz beim Sportplatz geht es zuerst circa einen Kilometer der Straße entlang nach Süden zur Bushaltestelle bei der Tischlerei südlich von Sonnendorf. Hier nach links, durch Aufing und entlang des Schwoicher

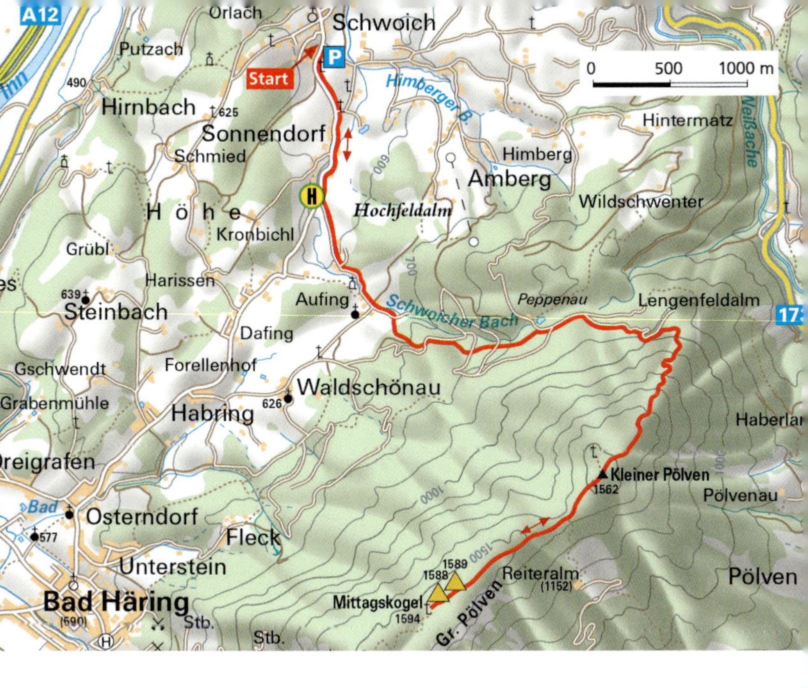


Baches (Weg 60) nach Peppenau. Kurz nach Peppenau rechts auf den sehr steilen, teilweise recht feuchten Pölvensteig (Klettersteig), den Übergang auf den Kleinen und von dort auf den Großen Pölven. Nach Erreichen des Kleinen Pölven in die Scharte und knapp 200 Höhenmeter Gegenanstieg Richtung Mittagskogel. Kurz vor dem aussichtsreichen, auf Gemeindegebiet von Söll gelegenen Gipfelkreuz, liegt rechterhand, wenige Höhenmeter oberhalb des Wanderweges der unmarkierte und nur mit GPS eindeutig auffindbare Summit von Schwoich auf 1 588,85 Meter. 100 Meter weiter westlich liegt der Summit von Bad Häring **31**, der ebenfalls mit GPS verortet werden muss. Retour auf demselben Weg.

# 33 Angath Haslach 622 m

**Ranking** 275 Tirol (277) 29 Bezirk (30) 87 Buch (89)

**Koordinaten** WGS 84: 47.519479, 12.056174

**Karten** BEV: BMN 89 Angath bzw. UTM 3213 Kufstein;
Kompass: 9 Kaisergebirge

**Summits in der Nähe**

- 36 Mariastein – Hundsalmjoch
- 35 Angerberg – Hundsalmjoch
- 34 Langkampfen – Köglhörndl
- 28 Wörgl – Sonnberger Jöchl

Der Summit liegt am südöstlichen Zauneck eines privaten Wohnhauses in Haslach (Hausnummer 5).

**T1 • 120 Höhenmeter • 4,5 km • 1 ½ Stunden**

**Charakteristik:** Leichte, familientaugliche Wanderung auf dem alten Pilgerweg nach Mariastein.

**Ausrüstung:** Wanderausrüstung

**Ausgangspunkt:** Kirchplatz in Angath, Bushaltestelle Angath/Kirche, Innbrücke, Buslinie 4068

Vom Kirchplatz in Angath Richtung Norden entlang der Unteren Dorfstraße 750 Meter bis zur Abzweigung nach links unter der Autobahn hindurch. Ab der Firstkapelle entlang des Kreuzweges in gemütlicher Steigung der Beschilderung folgen. Im Wald an den Kreuzwegstationen und nach dem Wald an der Hofstelle vorbei. Nach der Hofstelle geht es entlang der Zufahrt nach links und vor dem nächsten Wohnhaus an dessen östlichem Zaun 35 Meter und vier Höhenmeter bis zum südöstlichen Zauneck. Dieses markiert den höchsten Punkt im Gemeindegebiet von Angath.

Zurück auf dem gleichen Weg oder einen weiteren knappen Kilometer entlang der Straße bis Mariastein und mit dem Bus retour zum Ausgangspunkt.

## 34 Langkampfen **Köglhörndl** 1645 m

**Ranking** 236 Tirol (277) 16 Bezirk (30) 65 Buch (89)

**Koordinaten** WGS 84: 47.549665, 12.058568

**Karten** BEV: BMN 89 Angath bzw. UTM 3213 Kufstein; Kompass: 9 Kaisergebirge

**Summits in der Nähe**

- **36** Mariastein – Hundsalmjoch
- **35** Angerberg – Hundsalmjoch
- **33** Angath – Haslach
- **31** Bad Häring – Großer Pölven
- **32** Schwoich – Großer Pölven

**T2 • 1100 Höhenmeter • 10 km • 4 ½ Stunden**
**Charakteristik:** Anhaltend steile, aber unschwierige Wanderung mit einem Gipfel, der fantastische Tiefblicke ins Inntal bietet.
**Ausrüstung:** Wanderausrüstung
**Ausgangspunkt:** Bahnhof Langkampfen (circa 15 Minuten zusätzlich) oder Bushaltestelle Unterlangkampfen/Pfarrhof (Linie 4068) oder bei einem kleinen Parkplatz oberhalb von Unterlangkampfen am Ende der Asphaltstraße am Waldrand an einem kleinen Wanderparkplatz

Von der Bushaltestelle 50 Meter Richtung Osten bis zur Kreuzung, danach links abbiegen und weiter bis ans Ende einer Asphaltstraße zu einem Wanderparkplatz am Waldrand. Erst führt der Anstieg entlang eines Fahrweges, später auf einem sehr gut beschilderten Steig, der mehrfach den Fahrweg quert, zum Höhlensteinhaus. Dieses befindet sich auf einer Weidefläche, welche man überquert und einem Wegweiser Richtung Köglhörndl in den Wald folgt. Der Steig führt stets ansteigend bis zu einem Zaun

mit Überstieg und danach links weiter. Bald erreicht man durch immer lichter werdenden Wald Latschengelände und kurz darauf den höchsten Punkt von Langkampfen (GPS-Gerät erforderlich). Fünf Minuten später befindet sich etwas tiefer ein Kreuz mit Aussichtsbank und wunderbarem Blick ins Inntal.
Rückweg wie Hinweg.

**Variante:** Vom Köglhörndl könnte man dem Weg weiter folgen und zwei weitere Summits (Mariastein **36**, Angerberg **35**) beim Hundsalmjoch „mitnehmen" und in umgekehrter Richtung eine Rundtour daraus machen (Beschreibung Seite 132 ff).

## Angerberg **Hundsalmjoch** 1637 m **35**

| | |
|---|---|
| **Ranking** | 237 Tirol (277)  17 Bezirk (30)  66 Buch (89) |
| **Koordinaten** | WGS 84: 47.539979, 12.037452 |
| **Karten** | BEV: BMN 89 Angath bzw. UTM 3213 Kufstein; Kompass: 28 Vorderes Zillertal |

**Summits in der Nähe**

- **36** Mariastein – Hundsalmjoch
- **34** Langkampfen – Köglhörndl
- **33** Angath – Haslach
- **37** Breitenbach – Blessenberg

**T1 • 1100 Höhenmeter • 16 km • 5–6 Stunden**

**Charakteristik:** Einfache Wanderung mit prachtvollem Ausblick über das ganze Inntal.

**Ausrüstung:** Wanderausrüstung

**Ausgangspunkt:** Bushaltestelle Franzlerbrücke (Linie 4068) oder Parkplatz bei der Radinger Schottergrube

Von der Bushaltestelle zuerst entlang der Straße Richtung Norden. An der Kreuzung steht eine kleine Kirche, links davon führt ein Weg in den Wald, der nach etwa 50 Höhenmetern auf die Forststraße trifft (wo die Variante vom Parkplatz heraufkommt).

Die Straße führt in vielen Serpentinen zu einer Straßenabzweigung auf circa 1 200 Metern (alternativ kann man auch die unmarkierten Abkürzungen nehmen). Hier rechts halten, erst noch durch den Wald, dann über Almwiesen zum bewirtschafteten Almgasthof Buchacker. Danach dem Fahrweg zum Sattel zwischen Daxerkreuz und Aussichtsturm Adlerhorst folgen. Bevor er bergab leitet, nach rechts zu einem Wasserlauf abbiegen und über einen Pfad im Linksbogen durch einen Waldabschnitt zu einer großen Lichtung weiterwandern. Ein Weg durch Latschen führt zu einem Kreuz mit einer Bank. Das Hundsalmjoch und der Summit befinden sich allerdings noch circa 150 Meter weiter am Grat entlang. Der höchste Punkt von Angerberg ist mit einem provisorischen Kreuz aus Brennholz gekennzeichnet.

Abstieg wie Aufstieg.

**Variante:** Es bietet sich auch eine Rundtour an wie beim Summit von Mariastein **36**. Dazu über den Grat unschwierig in leichtem Auf und Ab weiter bis zum Köglhörndl **34**. Hinab über das Höhlenstein- und das Bärenbadhaus und von diesem dem Wanderweg nach Westen folgen bis zum Ausgangspunkt (Beschreibung siehe Seite 132 ff). Öffi-ahrer können auch in Niederbreitenbach in den Bus einsteigen (z.B. Bushaltestelle Niederbreitenbach/Kapelle, siehe Summit **36**, Seite 132 ff. Zusätzlicher Zeitaufwand circa 1 ½ Stunden.

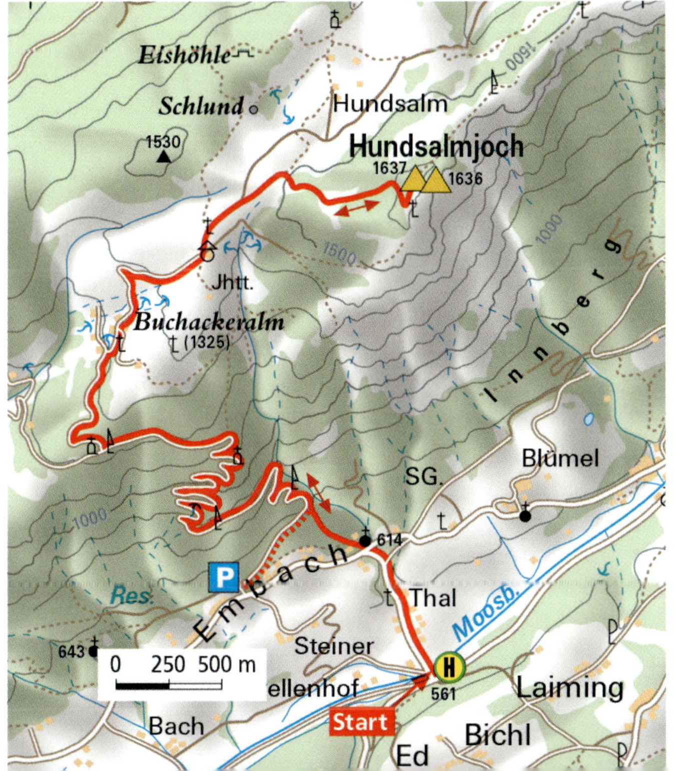

# 36 Mariastein
## acht Meter östlich des Hundsalmjochs 1636 m

**Ranking** 238 Tirol (277)  18 Bezirk (30) 67 Buch (89)

**Koordinaten** WGS 84: 47.540020, 12.037578

**Karten** BEV: BMN 89 Angath bzw. UTM 3213 Kufstein; Kompass: 28 Vorderes Zillertal

**Summits in der Nähe**

- 35 Angerberg – Hundsalmjoch
- 34 Langkampfen – Köglhörndl
- 33 Angath – Haslach
- 37 Breitenbach – Blessenberg

**T2 • 1400 Höhenmeter • 19 km • 7–8 Stunden**

**Charakteristik:** Da der Summit von Mariastein nur wenige Meter neben dem Summit von Angerberg 35 liegt und die Zustiege dieselben sind, wird hier die aussichtsreiche Rundtour über drei Summits (mit dem von Langkampfen 34) beschrieben.

**Ausrüstung:** Wanderausrüstung

**Ausgangspunkt:** Bushaltestelle Mariastein/Wallfahrtskirche (Linie 4068) oder zahlreiche Parkmöglichkeiten rund um die Kirche

Von der Wallfahrtskirche über die Dorfstraße erst nach Norden, dann nach einem Linksbogen nach Westen bis nach Embach und von hier in vielen Serpentinen oder auf Abschneidern auf der Forststraße bis auf etwa 1 200 Meter. Hier rechts und am Almgasthof Buchacker vorbei. Kurz bevor der Fahrweg bergab geht, nach rechts zu einem Wasserlauf abbiegen und über einen Pfad im Linksbogen durch einen Waldabschnitt zu einer großen Lichtung weiterwandern. Ein Weg durch Latschen führt zu einem Kreuz mit einer Bank. Das Hundsalmjoch und der Summit befinden sich noch circa 150 Meter weiter am Grat entlang. Der Summit von Mariastein liegt acht Meter östlich des Hundsalmjochs.

Nun geht es am Grat entlang weiter in stetigem Auf und Ab durch Latschengelände und über das Lindlkreuz zum Köglhörndl (Summit von Langkampfen 34). Weiter am Grat führt der Weg erst durch Latschen, dann durch einen Laubwald hinab zum Höhlensteinhaus. Von hier folgt ein kurzer Aufstieg Richtung Südosten zum Feuerköpfl. Dann wieder ein paar Meter zurück und steil bergab durch ein

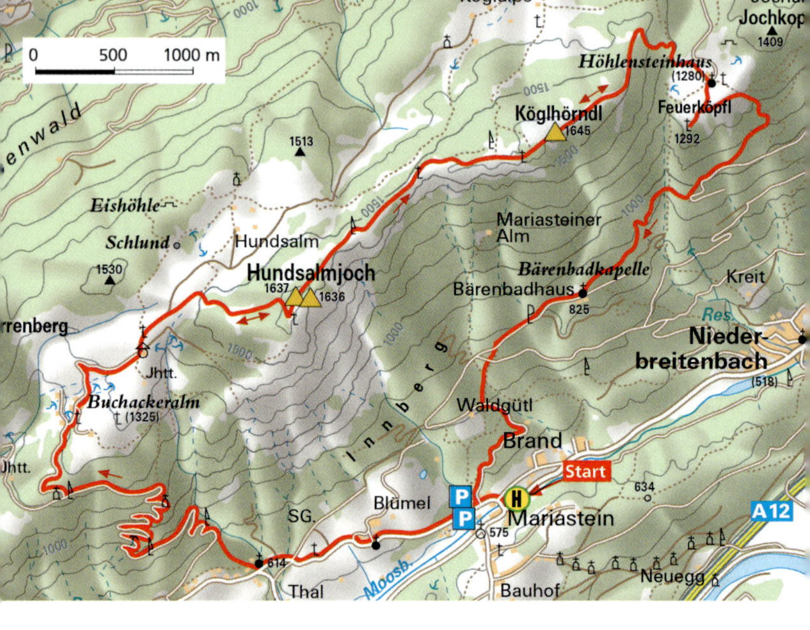


Waldstück. Enge Kehren enden an einem Forstweg, der rasch in einer Linkskurve wieder verlassen wird. Bald sieht man einen Wegweiser, der den Weg nach Mariastein-Angerberg und zum Bärenbadhaus weist. Beim Bärenbadhaus geht es weiter auf dem Forstweg Richtung Westen, bis auf der linken Seite ein Steig in den Wald führt, der kurz danach erneut den Forstweg kreuzt. Bei einer Lichtung beim Waldgütl auf den Forstweg wechseln, der direkt nach Mariastein führt.

## Breitenbach am Inn
## 120 Meter östlich des Blessenbergs 1733 m

**37**

**Ranking** 232 Tirol (277) 15 Bezirk (30) 63 Buch (89)

**Koordinaten** WGS 84: 47.514226, 11.961876

**Karten** BEV: BMN 89 Angath und 120 Wörgl bzw. UTM 2218 Kundl; Kompass: 28 Vorderes Zillertal

**Summits in der Nähe**

- 35 Angerberg – Hundsalmjoch
- 36 Mariastein – Hundsalmjoch
- 33 Angath – Haslach
- 34 Langkampfen – Köglhörndl

**T2 • 1200 Höhenmeter • 13 km • 6–7 Stunden**
**Charakteristik:** Stets steile, aber nie ausgesetzte, aussichtsreiche Rundtour über drei Gipfel mit fantastischen Tiefblicken ins Inntal.
**Ausrüstung:** Wanderausrüstung
**Ausgangspunkt:** Bushaltestelle Breitenbach am Inn/Kaiserblick (Linie 760) oder Wanderparkplatz nördlich des Ortsteils Schönau

Von der Bushaltestelle Richtung Tennisplätze und nicht direkt danach, sondern erst an der nächsten Abzweigung rechts abbiegen und dem Fahrweg Richtung Wald sowie den Schildern „Ruhralm/Plessenberg“ folgen. Hier ist auch der Wanderparkplatz, hinter dem der Weg gleich steil ansteigt. Es geht an der idyllischen Ruraalm vorbei und links Richtung Joch, dann weiter bis zum Ascherkreuz mit herrlichem Ausblick nach Norden.
Richtung Südwesten führt nun ein steiler, felsiger Steig, der vereinzelt mit Eisenstiften und Seilsicherungen versehen ist, unschwierig auf den Gipfel des Plessenbergs, von dem aus man einen herrlichen Ausblick Richtung Rofan, Kitzbüheler und Zillertaler Alpen und die Hohen Tauern hat. Der Summit befindet sich nicht direkt beim Kreuz, sondern rund 120 Meter östlich davon, mitten in den Latschen vor einem Felsabbruch (es führen Trittspuren durch die Latschen).
Weiter geht's dann über den Heuberg (alternativ auch dahinter vorbei) und dem Steig weiter folgend bis zur Jocheralm. Nach den Almgebäuden zweigt der beschilderte Weg („alter Steig“) nach links zum Parkplatz Kink/Pumphaus. In dieselbe Richtung geht es, den Wegweisern folgend,

nach Breitenbach, an der Jocherkapelle vorbei und weiter ins Tal zum Ortsteil Ramsau. Von dort auf der kaum befahrenen Straße 200 Meter nach Nordosten, bis ein Weg rechts abzweigt. Weiter am Waldrand entlang und nach 700 Metern nach links zum Ausgangspunkt zurück.
Für Öffi-Reisende bietet sich auch die Bushaltestelle Inn/Ascher in Breitenbach an, dafür vom Ortsteil Ramsau immer geradeaus weiter bis ins Zentrum und direkt zur Bushaltestelle bei der Tankstelle.

## 38 Kramsach östlich des Rosskogels 1 907 m

**Ranking** 223 Tirol (277) 12 Bezirk (30) 56 Buch (89)
**Koordinaten** WGS 84: 47.466626, 11.827634
**Karten** BEV: BMN 119 Schwaz und 120 Wörgl bzw. UTM 2218 Kundl; Kompass: 28 Vorderes Zillertal; Alpenverein: 6 Rofangebirge

**Summits in der Nähe**

- 39 Münster – Rofanspitze
- 57 Steinberg am Rofan – Hochiss
- 56 Achenkirch – Stuhlböcklkopf

T2 • Radstrecke: ca. 1000 Höhenmeter • 22 km
Wanderstrecke: T2 • 500 Höhenmeter • 7 km • gesamt 6 Stunden

**Charakteristik:** Bike-and-Hike-Tour über einen aussichtsreichen Gipfel und zum idyllischen Zireiner See in traumhafter Umgebung des Rofangebirges.

**Ausrüstung:** Mountainbike- und Wanderausrüstung, ev. Badesachen

**Ausgangspunkt:** An einem beliebigen Punkt in Kramsach, z.B. vom Parkplatz der Sonnwendjochbahn oder bei Anreise mit öffentlichen Verkehrsmitteln am Bahnhof in Brixlegg

Vom Parkplatz der Sonnwendjochbahn oder vom Bahnhof in Brixlegg über die Innbrücke zum Kreisverkehr in Kramsach. Von dort immer entlang der beschilderten Mountainbikestrecke 357 „Pletzachalm“ (Kramsach) erst ein kurzes Stück der Hauptstraße entlang Richtung Südwesten, bei der ersten Gelegenheit rechts abbiegen und durch den Ortsteil Winkel zum Waldrand. Dann geht es auf der Gemeindestraße durch den Wald, bis man eine Wiese erreicht und hier rechts zum Ortsteil Grünsbach abzweigt. Nun rechts an einem Weiler vorbei und wieder in den Wald zu einem Wanderparkplatz. Bald wechselt der Untergrund von Asphalt zu Schotter und es geht stetig in Serpentinen bergauf durch schattenspendenden Wald, immer der beschilderten Mountainbikeroute 357 folgend. Bei einer Weggabelung nicht den Weg nach links zur Bayreuther Hütte nehmen, sondern geradeaus weiter und nach einer Rechtskurve Richtung Ludoialm (hier die markierte Mountainbikestrecke verlassen). Bei der Ludoialm wird das Rad abgestellt

und es geht zu Fuß weiter. Ein schmaler Weg führt erst Richtung Sonnwendjoch und dann weiter zum Gipfel des Rosskogels, der auf dem Gemeindegebiet von Münster liegt. Der Summit von Kramsach befindet sich nicht auf dem Gipfel, sondern etwa 60 Meter südöstlich des Gipfelkreuzes mitten in den Latschen auf 1 907 Meter, ist schwer zu erreichen und nur mit GPS genau auffindbar.

Rückweg wie Aufstieg oder, landschaftlich reizvoller, als Rundtour über den gut markierten Weg Richtung Westen zum Zireiner See, der zum Baden einlädt. Der Wanderweg führt südlich am See vorbei, danach ein paar Höhenmeter bergauf und hier darf die Abzweigung nach links über die Zireiner Alm zur Ludoialm nicht verpasst werden. Von dort mit dem Bike zurück zum Ausgangspunkt.

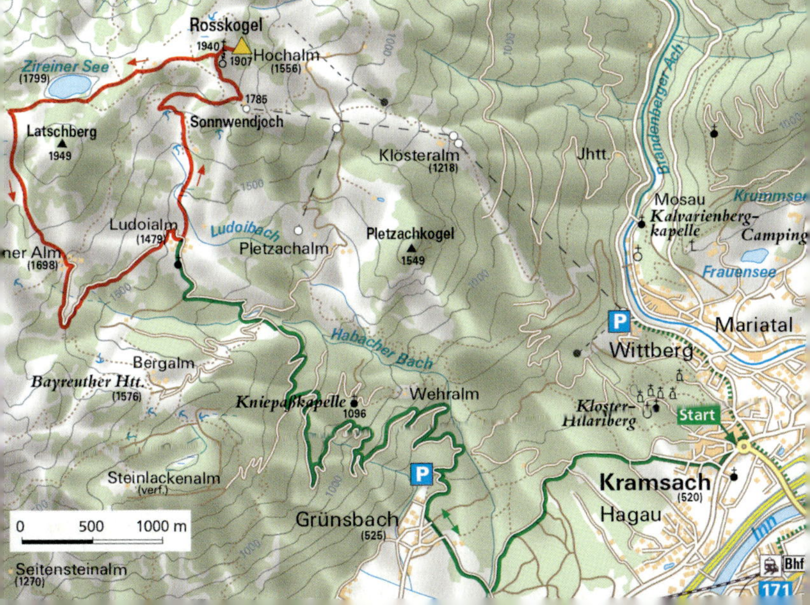

# 39 Münster **Rofanspitze** 2 259 m

**Ranking** 181 Tirol (277)  6 Bezirk (30) 38 Buch (89)

**Koordinaten** WGS 84: 47.457639, 11.793165

**Karten** BEV: BMN 119 Schwaz und 120 Wörgl bzw. UTM 2218 Kundl; Kompass: 28 Vorderes Zillertal; Alpenverein: 6 Rofangebirge

**Summits in der Nähe**

- 57 Steinberg am Rofan – Hochiss
- 38 Kramsach – Rosskogel
- 56 Achenkirch – Stuhlböcklkopf

 **1 720 Höhenmeter • 25 km • 6–7 Stunden • Radstrecke: 810 Höhenmeter • 13 km • 1 Stunde (in eine Richtung) • Wanderstrecke: T3 • Klettersteig A/B • 910 Höhenmeter • 12 km • 5 Stunden**

**Charakteristik:** Abwechslungsreiche Bike-and-Hike-Tour auf den zentralen Summit im schroffen Rofangebirge. Die ohnehin schon lange Tour kann durch die Anfahrt mit dem Rad entsprechend gekürzt werden. Dies ist bei der Abfahrt eine Wohltat.

**Ausrüstung:** Wanderausrüstung, Mountainbike

**Ausgangspunkt:** Parkplatz in Höllenstein, nördlich von Münster (652 m); für Öffi-Wanderer bietet sich die Bushaltestelle Münster/Gemeindeamt an (Linie 601), gesamt 2,6 Kilometer und 110 Höhenmeter mehr.

Vom Parkplatz auf der Forststraße (im Winter beleuchtete Rodelbahn) meist im Wald bis zu einem Bildbaum und zur Vereinigung mit einer weiteren Forststraße, die von links von der Rofansiedlung heraufführt. Mit dem Bike ist die Weiterfahrt bis zum Schranken und Fahrverbotsschild kurz vor der Alpiglalm möglich. Von hier zu Fuß auf dem Almfahrweg durch stellenweise felsendurchsetztes Almgelände bis zur Alpiglalm (1 480 m) und – fallweise wird die Schotterstraße etwas steiler – zur unter die Felswand geduckten Schermsteinalm (1 855 m). Dahinter verjüngt sich der Weg zu einem alpinen Steig, der zwischen den Wänden des Sagzahns im Osten und der spitzen Grubalackenspitze im Westen bergauf führt. Der Steig dreht oberhalb des Grubasees in die Grubascharte. Aus dieser dann einfach zum felsigen Gipfelaufbau der Rofanspitze, dem dritthöchsten Gipfel im gleichnamigen Gebirgsstock und dem Summit von Münster.

Für den Rückweg Richtung Osten in den Schafsteigsattel zwischen Rofanspitze und Sagzahn hinunter und auf dem leichten Klettersteig (A/B) etwas ausgesetzt wieder bergauf auf den Sagzahn. An dessen breiterem Südrücken auf einem schönen Steig zum dritten Gipfel der heutigen Tour, das aussichtsreiche Vordere Sonnwendjoch. Auf dem Weg 20 retour bis kurz unterhalb der Schermsteinalm und auf der Aufstiegsroute zurück zum Rad.

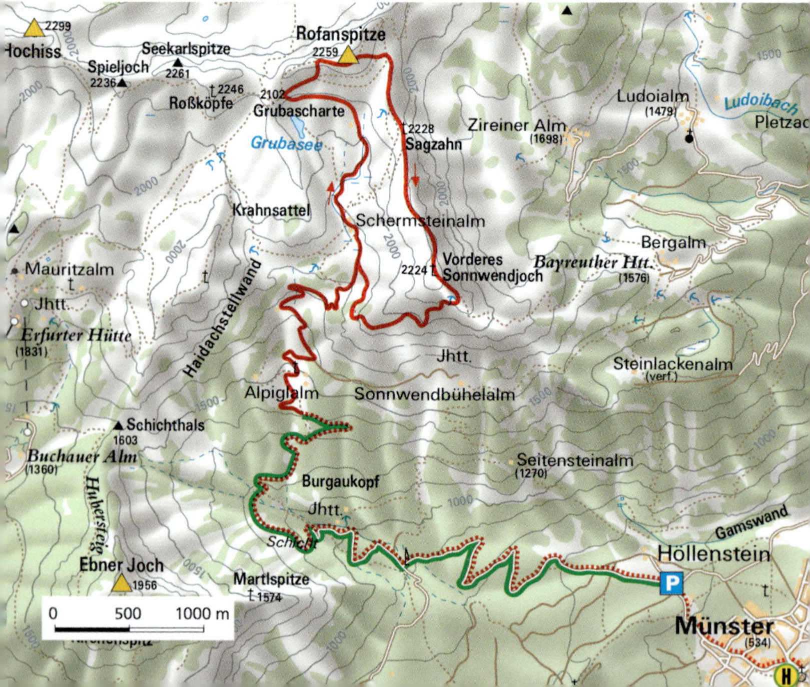

## Brandenberg östlich der Guffertspitze 2 192 m 40

**Ranking** 191 Tirol (277) 7 Bezirk (30) 41 Buch (89)

**Koordinaten** WGS 84: 47.546234, 11.788694

**Karten** BEV: BMN 88 Achenkirch bzw. UTM 2218 Kundl; Kompass: 28 Vorderes Zillertal; Alpenverein: BY14 Mangfallgebirge Süd, Guffert

**Summits in der Nähe**


38 Kramsach – Rosskogel

56 Achenkirch – Stuhlböcklkopf

39 Münster – Rofanspitze

**T3 • 1 700 Höhenmeter • 24 km • 8–10 Stunden**

**Charakteristik:** Sehr lange, abwechslungsreiche Bergtour mit Gratanstieg am Ende und leichten Kletterstellen im I. Schwierigkeitsgrad. Der Guffert ist ein freistehender Gipfel, der aus der Umgebung von überall sichtbar ist, ein traumhafter Aussichtsberg.

**Ausrüstung:** Wanderausrüstung

**Ausgangspunkt:** Bushaltestelle Brandenberg/Pinegg (Linie 611) oder der gleichnamige Parkplatz etwas nördlich

Von der Bushaltestelle etwas nach Norden oder vom Parkplatz nach Süden bis zur Abzweigung in der Kurve und entlang der Straße bis zum letzten Hof (Reischer). Dort führt ein Forstweg in den Wald, dem man etwa drei Kilometer folgt, bis ein Fahrweg zur Pircheralm abzweigt. Bis zur Alm kann auch mit dem Mountainbike gefahren werden, was einen entscheidenden Vorteil für den Rückweg darstellt (nur bei Autoanreise möglich). Wegweiser zeigen den Weg Richtung Guffert (4 Std.), es geht stetig bergauf über Almwiesen und Latschengelände, bis man den Grat erreicht und zum ersten Mal das Tagesziel erblickt. In stetigem Auf und Ab führt der Weg erst auf den Guffertstein und weiter zum Ostgrat. Am Grat muss man immer wieder einmal die Hände zu Hilfe nehmen. Es gibt einzelne versicherte Passagen, ist aber nie schwierig, und solange man schwindelfrei ist, gelangt man ohne Probleme auf den Gipfel. Der Summit befindet sich vier Meter östlich des Kreuzes auf dem höchsten Felsen. Der Ausblick in die Brandenberger Alpen und ins Rofangebirge ist fantastisch.

Rückweg wie Aufstieg. Durch die Gegenanstiege kann sich der Rückweg etwas in die Länge ziehen und noch etwas Kondition erfordern. Diejenigen, die ein Rad bei der Pircheralm abgestellt haben, sind zu beglückwünschen.

# 41 Thiersee **Hinteres Sonnwendjoch** 1986 m

**Ranking** 215 Tirol (277) 11 Bezirk (30) 53 Buch (89)

**Koordinaten** WGS 84: 47.598588, 11.949628

**Karten** BEV: BMN 89 Angath bzw. UTM 2212 Miesbach und 2218 Kundl; Kompass: 28 Vorderes Zillertal; Alpenverein: BY 15 Mangfallgebirge Mitte, Spitzingsee

**Summits in der Nähe**

35 Angerberg – Hundsalmjoch
36 Mariastein – Hundsalmjoch
37 Breitenbach – Blessenberg
34 Langkampfen – Köglhörndl

Das Hintere Sonnwendjoch ist der höchste Gipfel im Mangfallgebirge. Der höchste bayerische Gipfel im Mangfallgebirge ist die Rotwand mit 1884 Meter circa sechs Kilometer nördlich.

**T1 • 650 Höhenmeter • 9,5 km • 3 ½–4 Stunden**

**Charakteristik:** Viel besuchter, familienfreundlicher Summit, dessen Besuch zu einer feinen und aussichtsreichen Rundtour verlängert werden kann, oft in einem weitläufigen Almgebiet, kurze felsig-schottrige Passagen im Gipfelbereich.
**Ausrüstung:** Wanderausrüstung
**Ausgangspunkt:** großer Parkplatz bei der Ackernalm (1333 m); Mautpflicht ab der Abzweigung von der L37/Thierseestraße

Hinter der Ackernalm geht es zunächst etwas langatmig gut zwei Kilometer durch weitläufiges Almgelände mit vielen Kühen auf dem asphaltierten Weg zur Abzweigung westlich hinter der Steinkaseralm auf 1522 Meter Seehöhe. Danach schlängelt sich ein grob geschotterter Karrenweg oberhalb einer markanten Felsstufe an den Südhängen des Hinteren Sonnwendjochs entlang. Dieser wird Richtung Burgstein hin steiler und mündet in einer kleinen Einsattelung, die über eine schmale Felsrippe führt und für deren Durchstieg kurz eine Extraportion Trittsicherheit gefragt ist. Nach dieser kleinen Herausforderung geht's in einem weiten Rechtsbogen, zunehmend felsiger werdend, zuletzt auf dem westlichen Gipfelrücken zum Gipfelkreuz des Hinteren Sonnwendjochs (1986 m), dem Summit von Thiersee. Lohnend ist der Abstecher über den Grat zur Krenspitze (1972 m). Hierfür ist erhöhte Trittsicherheit erforderlich und dieses kleine Wagnis wird mit großartigen Tiefblicken Richtung Norden belohnt. Der Abstieg führt über den Gipfelrücken zurück bis zur Abzweigung nach rechts Richtung Bärenbadalm. Kurz vor dieser dann auf dem Fahrweg wieder an der Steinkaseralm vorbei und zum Ausgangspunkt.

**Für konditionsstarke Öffi-Anreisende bietet sich folgende Variante an: Radstrecke: 1020 Höhenmeter plus 160 Höhenmeter Gegenanstieg bei der Rückfahrt • 42 km hin und retour • 3 Stunden (eine Richtung)**
**Wanderstrecke: 640 Höhenmeter • 9,5 km • 3 ½–4 Stunden**
**Ausgangspunkt:** Bahnhof Kufstein

Dazu geht es vom Bahnhof auf der L 37, der Thiersee Landesstraße, durch das weitläufige Gemeindegebiet bis hinter die Wacht (250 Höhenmeter, 16 km). Ab der nun linkerhand abgehenden asphaltierten Mautstraße wird die beschilderte Radstrecke (Wegweiser 341 – „Ackernalm Rundtour“) bis zur Ackernalm um einiges selektiver und muss – einspurig – mit dem Auto- und allfälligem Fußgängerverkehr geteilt werden. Ende der Radstrecke bei der Ackernalm. Wanderstrecke wie beschrieben.

# Niederndorf am Waldrand südöstlich des Erbhofs Daxau 762 m 42

**Ranking** 273 Tirol (277)  28 Bezirk (30) 86 Buch (89)

**Koordinaten** WGS 84: 47.663945, 12.217203

**Karten** BEV: BMN 90 Kufstein bzw. UTM 3207 Ebbs; Kompass: 9 Kaisergebirge; Alpenverein: 9 Kaisergebirge und BY 17 Chiemgauer Alpen West, Hochries, Geigelstein

**Summits in der Nähe**

- 43 Niederndorferberg – nordöstl. v. Praschberg
- 44 Erl – Spitzstein
- 46 Ebbs – Vordere Kesselschneid
- 47 Walchsee – Vordere Kesselschneid

**310 Höhenmeter • 12 km • 1 Stunde**

**Charakteristik:** Einfache Radtour auf verkehrsarmen Straßen. Ein kurzer Fußweg führt zum nicht einfach auszumachenden Summit am Waldrand kurz vor dem Erbhof Daxau.

**Ausrüstung:** GPS-Gerät

**Ausgangspunkt:** Ortszentrum Niederndorf

Die Route beginnt beim TVB Niederndorf und folgt den Wegweisern der ausgewiesenen MTB-Strecke 314 „Erlebnisweg Wildbichl“ am Alpengasthof Beham-Ried vorbei und durch Pittlham bis hinter Mayrhof. Nach Mayrhof wird die beschilderte Strecke nach links Richtung Daxau (Sackgassenschild) verlassen und man folgt gut 700 Meter der Straße. Am Ende der linksseitigen Häuserzeile ist der Erbhof Daxau bereits in Sichtweite und das Ende der Radstrecke erreicht. Ab hier nun zu Fuß links in die Wiese abbiegen und knappe 100 Meter über diese bis zum Waldrand (Mahdzeiten beachten, landwirtschaftliche Flächen).

Mit dem GPS-Gerät findet man den unmarkierten und im Gelände nicht erkennbaren höchsten Punkt im Gemeindegebiet von Niederndorf, der an der Gemeindegrenze zu Niederndorferberg liegt.

## Niederndorferberg bewaldete Kuppe nördlich von Praschberg · 1056 m 43

**Ranking** 261 Tirol (277) 27 Bezirk (30) 82 Buch (89)

**Koordinaten** WGS 84: 47.676448, 12.232235

**Karten** BEV: BMN 90 Kufstein bzw. UTM 3207 Ebbs; Kompass: 9 Kaisergebirge; Alpenverein: BY 17 Chiemgauer Alpen West, Hochries, Geigelstein

**Summits in der Nähe**

42 Niederndorf – südöstl. des Erbhofs Daxau
44 Erl – Spitzstein
45 Rettenschöss – Hochköpfl

**T1 • 100 Höhenmeter • 2 km • 45 Minuten**
**Charakteristik:** Einfache, kurze Wanderung abseits jeglichen Trubels, familientauglicher Wanderausflug.
**Ausrüstung:** GPS für die Feinsuche
**Ausgangspunkt:** Praschberg, Parkplatz unterhalb des Biobauernhofes im Weiler Ahorn

Vom Parkplatz geht es am Biobauernhof Ahorn vorbei und 400 Meter der asphaltierten Straße entlang. In der markanten Linkskurve geradeaus weiter auf den Wiesenweg. Nach weiteren knapp 400 Metern links und auf dem flachen Rücken Richtung Waldkuppe. Im Wald auf den Traktorspuren bergauf und am gefühlt höchsten Punkt leicht links – zur Sicherheit mit dem GPS – auf die leicht erhöhte Kuppe zwischen den Fichten. Retour am besten auf dem gleichen Weg.

**Variante für Öffi-Nutzer:** Mit der Linie 4036 fährt man zur Haltestelle Niederndorferberg/Wildbichl beim ehemaligen Zollamt, jetzt Tankstelle. 150 Meter geht es auf der Landesstraße zurück, dann biegt man nach rechts auf den Fahrweg nach Praschberg und Gränzing ab und geht 2,3 Kilometer zum oben angeführten Parkplatz Ahorn.

Weiter wie oben. Die Strecke verlängert sich dadurch (in eine Richtung) um 2,3 Kilometer, 220 Höhenmeter und etwa 45 Minuten.

# Erl Spitzstein 1597 m 44

**Ranking** 242 Tirol (277) 19 Bezirk (30) 70 Buch (89)

**Koordinaten** WGS 84: 47.710970, 12.246929

**Karten** BEV: BMN 90 Kufstein bzw. UTM 3207 Ebbs; Kompass: 9 Kaisergebirge; Alpenverein: BY 17 Chiemgauer Alpen West, Hochries, Geigelstein

**Summits in der Nähe**

- **43** Niederndorferberg – nordöstl. v. Praschberg
- **42** Niederndorf – südöstl. des Erbhofs Daxau
- **45** Rettenschöss – Hochköpfl

★ Der Spitzstein ist der nördlichste Gemeindesummit im Bundesland Tirol.

**T1 • 460 Höhenmeter • 4,5 km • 2 ½ Stunden**

**Charakteristik:** Leichte Streckentour mit Einkehrmöglichkeiten im Spitzsteinhaus und der Altkaseralm, fantastische Ausblicke vom Summit in alle Richtungen. Ab dem Parkplatz Goglalm bietet sich dieser Summit als Halbtagesausflug für die ganze Familie an. Meist gut besucht!

**Ausrüstung:** Wanderausrüstung

**Ausgangspunkt:** bewirtschafteter Parkplatz Goglalm (1143 m); bis hierher vom Ortszentrum von Erl über Kleinberg und Erlerberg auf zum Schluss schmaler, aber durchgehend asphaltierter Straße

Über den anfangs asphaltierten, steil angelegten Fahrweg erreicht man in knapp 20 Minuten das Spitzsteinhaus. Jetzt geht es über freies Almgelände (Kühe) Richtung Norden. Der gut ausgetretene Pfad führt durch lichten Waldbestand an einem Marterl vorbei und quert kurz auf deutsches Gebiet. Im nun folgenden Waldbestand wird es etwas steiler, felsiger und kann bei Nässe rutschig sein. Durch den gipfelnahen Latschengürtel leuchtet auf den letzten paar Höhenmetern dann schon das schmiedeeiserne Gipfelkreuz herunter. Der nördlichste Gemeindesummit von Tirol liegt direkt östlich des Gipfelkreuzes.

**Variante mit Öffi-Anreise vom Bahnhof Kufstein aus: Radstrecke: 800 Höhenmeter • schwierige 44 km • 3 Stunden (eine Strecke)**

**Wanderstrecke: T1, 460 Höhenmeter • 3,5 km • 2 Stunden**

Aus dem Bahnhofsgelände hinaus und links auf den Inntalradweg R3. Auf dem gut markierten Radweg circa 12,5 Kilometer bis zur Abzweigung nach Erl auf die Erler Landesstraße und gut 1,5 Kilometer auf dieser weiter. Vor der Pfarrkirche Erl rechts weg auf die ausgewiesene MTB-Strecke 334 „Erlebnistour Spitzstein“. Nun durchwegs auf asphaltierter Straße, anhaltend steil und anstrengend rund 10 Kilometer und 780 Höhenmeter bis zum Spitzsteinhaus. Wanderstrecke wie oben. Zurück auf dem gleichen Weg.

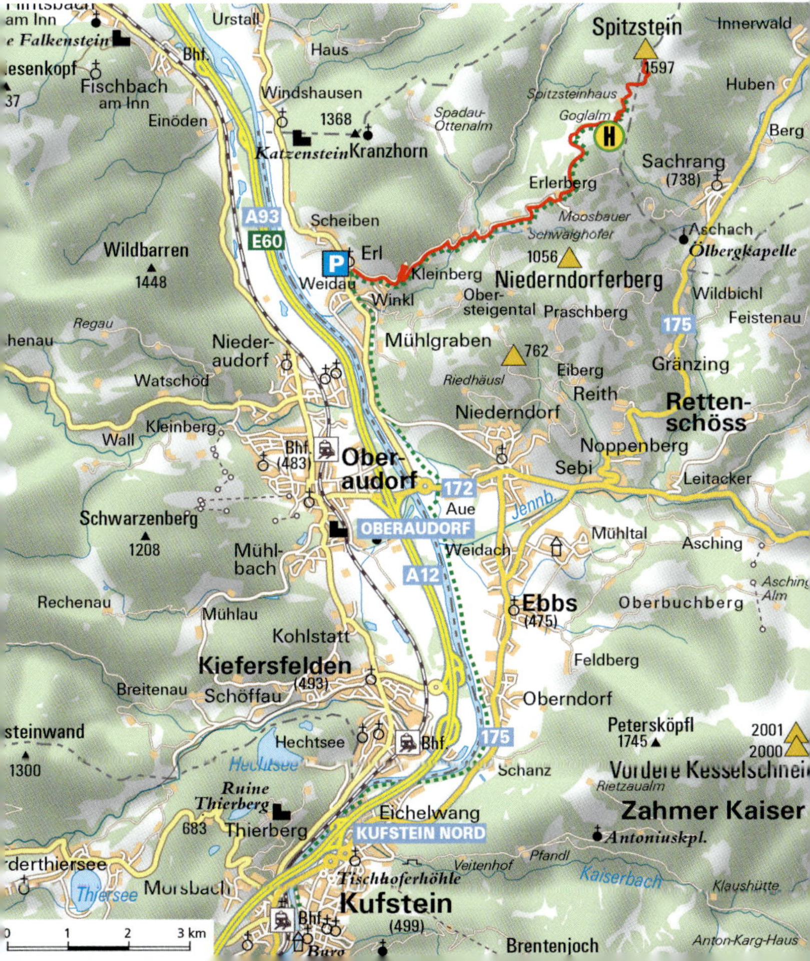

## 45 Rettenschöss **Hochköpfl** 1539 m

**Ranking** 248 Tirol (277) 22 Bezirk (30) 74 Buch (89)

**Koordinaten** WGS 84: 47.691425, 12.321514

**Karten** BEV: BMN 90 Kufstein bzw. UTM 3207 Ebbs; Kompass: 9 Kaisergebirge; Alpenverein: BY 17 Chiemgauer Alpen West, Hochries, Geigelstein

**Summits in der Nähe**

44 Erl – Spitzstein

43 Niederndorferberg – nordöstl. v. Praschberg

42 Niederndorf – südöstl. des Erbhofs Daxau

weitgehend unbekannter, unmarkierter Summit im Schatten der bekannteren Nachbarn Wandberg und Geigelstein

**T1 • 230 Höhenmeter • 3 km • 1 Stunde**
**Charakteristik:** Einfache, an kurzen Stellen weglose Waldwanderung, die sich auch gut für einen Familienausflug eignet.
**Ausrüstung:** Wanderausrüstung, GPS-Gerät
**Ausgangspunkt:** von Rettenschöss via Feistenau (Mautstraße ab Gasthof Schöne Aussicht in Feistenau) bis zu dem kleinen Parkplatz linkerhand kurz vor der Wandberghütte

Vom Parkplatz geht es knapp 400 Meter auf dem leicht ansteigenden Almfahrweg bis zur Wandberghütte, bei der sich am Ende der Wanderung eine Einkehr anbietet. Für den Anstieg allerdings zuerst rechts auf dem Fahrweg an der Hütte vorbei und gleich danach am Zaun links auf einen Wiesenweg, in weiterer Folge in den Wald. Danach stets auf dem Rücken bleibend, an kurzen Stellen weglos ohne grobe Orientierungsschwierigkeiten, auf den unmarkierten Summit von Rettenschöss. Den höchsten Punkt kann man auf der flachen Gipfelkuppe nur ungefähr erahnen, für die genaue Verortung das GPS mitnehmen.

**Variante mit der Öffi-Anreise vom Bahnhof Oberaudorf aus: Radstrecke: 800 Höhenmeter • 33 km hin und retour • 2 Stunden (eine Strecke)**
**Wanderstrecke: 200 Höhenmeter • 2 km • 1 Stunde**

Vom Bahnhof Oberaudorf über die Staatsgrenze nach Niederndorf und an der B 172, der Walchseestraße, gut sechs Kilometer nach Osten bis zur Abzweigung nach Rettenschöss. Nun links abbiegen und gut 150 Höhenmeter bergauf durch die Ortschaft Rettenschöss fahren. An deren nördlichem Ende links auf die markierte Mountainbike-Route-311 „Wandberg“. Ende der Radstrecke ist die Wandberghütte. Der finale Gipfelanstieg folgt der Beschreibung oben.

## Walchsee **Vordere Kesselschneid** 2001 m 46

| | |
|---|---|
| **Ranking** | 211 Tirol (277) 9 Bezirk (30) 49 Buch (89) |
| **Koordinaten** | WGS 84: 47.606887, 12.277811 |
| **Karten** | BEV: BMN 90 Kufstein bzw. UTM 3207 Ebbs und 3213 Kufstein; Kompass: 9 Kaisergebirge; Alpenverein: 8 Kaisergebirge |

**Summits in der Nähe**

47 Ebbs – Vordere Kesselschneid
2 Schwendt – Feldberg
48 Kufstein – 6. Turm am Kopftörlgrat
49 Ellmau – Ellmauer Halt

★ Die Vordere Kesselschneid ist mit Ebbs 47 ein astreiner Doppelsummit und steht – es führt nicht einmal ein markierter Wanderweg hinauf – klar im Schatten der bekannten Pyramidenspitze, die allerdings um vier Meter niedriger ist.

 **T3 • Klettersteig A/B • 1400 Höhenmeter • 12 km • 6 ½ Stunden**

**Charakteristik:** Kurz nach der Winkelalm zum Großteil ausgesetztes Gelände mit leichtem Klettersteig.
**Ausrüstung:** Wanderausrüstung, Helm empfohlen, für Anfänger Klettersteigset
**Ausgangspunkt:** Bushaltestelle Walchsee/Durchholzen (Linie 4030); zum gebührenpflichtigen Parkplatz „Am Brand" sind es 750 Meter.

Von der Bushaltestelle startet die Streckentour auf der Fahrstraße in südöstlicher Richtung, führt am Parkplatz „Am Brand" vorbei und immer am Bach entlang auf dem Fahrweg in einer knappen Stunde bis zur Großpointeralm. Auf dem Wanderweg nun steiler werdend bis zur Winkelalm und ins mächtige Winkelkar. Unterhalb der schroffen Nordhänge geht es über Schrofen, mehrere stahlseilversicherte Stellen und durchwegs ausgesetzt in den Sattel zwischen Jovenspitze und Pyramidenspitze. Nun steil und zuletzt durch ein gut versichertes, nahezu senkrechtes, wenige Meter hohes Wandstück (Stahlseil, Leiter) auf die Pyramidenspitze. Von dieser auf der Karsthochfläche Richtung Süden kurz bergab

dem Steiglein folgen und in weiterer Folge nach links durch Latschengassen schräg bergauf auf den höchsten Gipfel im Zahmen Kaiser. Er ist nur mit einem kleinen Gipfelkreuz geschmückt. Laut den Laserscandaten misst der höchste Punkt im Gemeindegebiet von Walchsee genau 2000,54 Meter. Der Abstieg führt zurück zur Pyramidenspitze und am besten auf dem Anstiegsweg wieder hinunter. Der im Aufstieg zum Summit von Ebbs **47** beschriebene Weg durch das Eggersgrinn wird für den Abstieg nicht empfohlen.

## 47 Ebbs Vordere Kesselschneid 2 000 m

**Ranking** 212 Tirol (277) 10 Bezirk (30) 50 Buch (89)

**Koordinaten** WGS 84: 47.606884, 12.277780

**Karten** BEV: BMN 90 Kufstein bzw. UTM 3207 Ebbs und 3213 Kufstein; Kompass: 9 Kaisergebirge; Alpenverein: 9 Kaisergebirge

**Summits in der Nähe**


46 Walchsee – Vordere Kesselschneid

2 Schwendt – Feldberg

48 Kufstein – 6. Turm am Kopftörlgrat

49 Ellmau – Ellmauer Halt

 **T3 • Klettersteig A/B im Abstieg • 1450 Höhenmeter • 11 km • 7 Stunden**

**Charakteristik:** Anspruchsvolle Rundtour mit leichtem Gegenanstieg auf den höchsten Gipfel im Zahmen Kaiser, Aufstieg über den aufgelassenen Steig durch das Eggersgrinn.
**Ausrüstung:** Wanderausrüstung, Helm empfohlen, für Anfänger Klettersteigset
**Ausgangspunkt:** Parkplatz beim Alpengasthof Aschinger Alm (967 m), hierher mit dem Auto von Ebbs

Von der Alm zunächst auf dem breiten Wiesenrücken nach Süden Richtung Waldrand und zur Bergstation des kleinen Schlepplifts. Der Weg führt in den Wald und steigt mitunter recht steil, stets auf dem Rücken bleibend, bergan. Unvermutet geht der Weg in einen lieblichen Waldfahrweg über, der flach nach rechts leitet und recht unvermittelt, nach rund 300 Metern und einer Abzweigung in einen Traktorweg, nach links als Wanderweg weiterführt. Ab nun wird die Wegfindung etwas schwieriger und man muss sich an den meist gut erkennbaren Steigspuren orientieren (GPS zur Sicherheit von Vorteil). Der Einstieg in die Eggersgrinn ist ebenfalls nicht ganz leicht zu finden (GPS-Track hilfreich, gutes Orientierungsvermögen nötig). Der Anstieg hält sich im Wesentlichen an der orographisch rechten Seite der Rinne. Der Steig ist wegen des losen Gerölls auf rutschigem Untergrund ein wenig mühsam zu gehen, allerdings nur an ein, zwei Stellen im oberen Teil etwas exponiert. Achtung beim Queren der bis weit in den Frühsommer hinein vorhandenen Altschneefelder. Im oberen Viertel der Rinne verlagert sich der

Steig auf den Wiesenhang und führt in breiter Spur bis zum Sattel. Aus diesem nach links über das Karstplateau auf die Pyramidenspitze, von dieser nach Süden in die flache Scharte und aus dieser durch Latschengassen weglos zum kleinen Gipfelkreuz auf die Vordere Kesselschneid. Der Abstieg führt zurück zur Pyramidenspitze und unterhalb der Jovenspitze auf den versicherten (wegen den zum Teil vielen Bergsteigern durchaus steinschlaggefährdeten) Abstieg durch das Naturschutzgebiet Kaisergebirge ins Winkeltal (Stahlseile, kurze Leiter). Kurz vor der Winkelalm nach links auf den flachen Wiesenweg, der in 1 ½ Stunden inklusive eines leichten Gegenanstiegs zurück zur Aschinger Alm führt. (Siehe Route zu **46**, Seite 161 ff.)

## Kufstein 6. Turm am Kopftörlgrat 2319 m 48

**Ranking** 173 Tirol (277) 3 Bezirk (30) 34 Buch (89)

**Koordinaten** WGS 84: 47.561515, 12.303377

**Karten** BEV: BMN 90 Kufstein bzw. UTM 3213 Kufstein; Kompass: 9 Kaisergebirge; Alpenverein: 8 Kaisergebirge

**Summits in der Nähe**

- 49 Ellmau – Ellmauer Halt
- 50 Scheffau am Wilden Kaiser – Treffauer
- 3 Kirchdorf in Tirol – Ackerlspitze
- 4 Going am Wilden Kaiser – Ackerlspitze

★ klettertechnisch schwierigste Tour des Führers über den Kopftörlgrat zum höchsten Kaisergipfel, nur über Kletterroute zu erreichen

**IV • 2 100 Höhenmeter • 26 km • zwei Tage**
**Charakteristik:** 2-Tages-Tour mit Gratkletterei im 4. Schwierigkeitsgrad, eine der schönsten Grattouren in den Ostalpen, Abstieg über Klettersteig.
**Ausrüstung:** Komplette Kletterausrüstung
**Ausgangspunkt:** Bushaltestelle Ebbs/Kaisertal (Linie 4030 oder Stadtbus Linie 1) oder Parkplatz Kaisertal

Von der Bushaltestelle oder vom Parkplatz führen rund 280 Stufen zum breiten Fahrweg des Kaisertales hinauf. Weiter geht's oberhalb des Flusses etwa neun Kilometer und 500 Höhenmeter bis nach Hinterbärenbad zum Anton-Karg-Haus oder zum Hans-Berger-Haus, wo sich aufgrund der Länge der Tour eine Übernachtung anbietet. Der Fahrweg im Kaisertal ist für Mountainbiker gesperrt, deshalb bleibt einem der Fußmarsch bis ans Talende nicht erspart.
Am nächsten Tag führt die Route weiter taleinwärts auf einem Wanderweg Richtung Stripsenjoch, bis rechts ein Steig über den sogenannten Hohen Winkel zum Kopftörl abzweigt, das man je nach Route nach gut 1 100 bis 1 200 steilen Höhenmetern erreicht. Hier startet die Klettertour über den Kopftörlgrat und die Kletterausrüstung ist gefragt. Die Route bewegt sich meist im II. bis III. Schwierigkeitsgrad, am Ende wartet eine Stelle im IV. Grad, zwischendrin ist allerdings auch stellenweise Gehgelände zu finden. Alpine Erfahrung ist notwendig, da es nur teilweise gebohrte Stände gibt, das Gehen/Klettern am laufenden Seil sollte beherrscht werden. Für den genauen Routenverlauf siehe Topo.

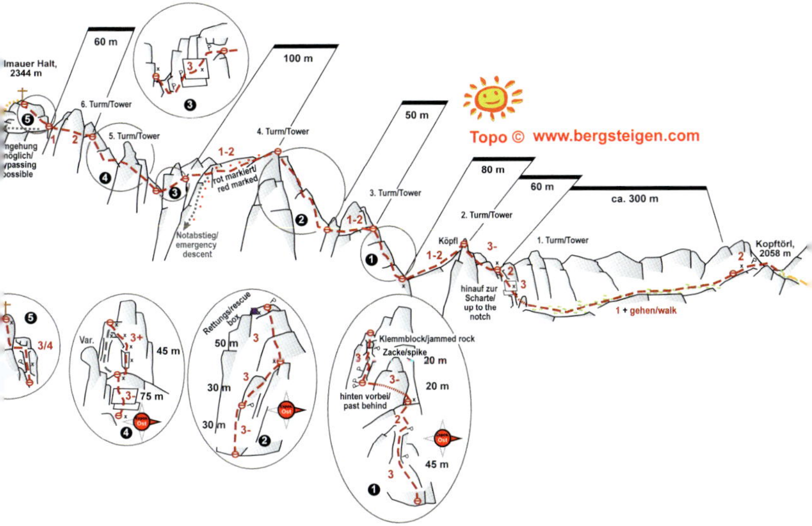
60 m
100 m
50 m
80 m
60 m
ca. 300 m
Ellmauer Halt, 2344 m
6. Turm/Tower
5. Turm/Tower
4. Turm/Tower
3. Turm/Tower
2. Turm/Tower
1. Turm/Tower
Umgehung möglich/ bypassing possible
rot markiert/ red marked
Notabstieg/ emergency descent
Köpfl
hinauf zur Scharte/ up to the notch
Kopftörl, 2058 m
1 + gehen/walk
Topo © www.bergsteigen.com
3/4
Var.
3+
45 m
3-
75 m
Rettungs/rescue box
50 m
30 m
30 m
Klemmblock/jammed rock
Zacke/spike
20 m
20 m
hinten vorbei/ past behind
45 m

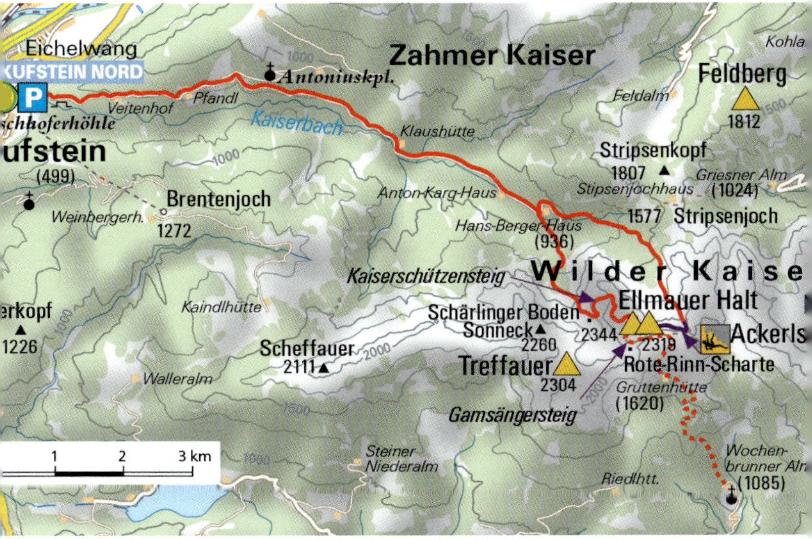
Eichelwang
KUFSTEIN NORD
Zahmer Kaiser
Antoniuskpl.
Pfandl
Veitenhof
Kaiserbach
Klaushütte
Feldalm
Feldberg
1812
Stripsenkopf
1807
Griesner Alm
(1024)
Stripsenjochhaus
1577
Stripsenjoch
Anton-Karg-Haus
Hans-Berger-Haus
(936)
Brentenjoch
1272
Weinbergerh.
(499)
Kaiserschützensteig
Wilder Kaise
Ellmauer Halt
Schärlinger Boden
Sonneck
2260
2344
2319
Ackerls
Rote-Rinn-Scharte
Treffauer
2304
Scheffauer
2111
Kaindlhütte
1226
Walleralm
Gruttenhütte
(1620)
Gamsängersteig
Steiner Niederalm
Riedlhtt.
Wochenbrunner Alm
(1085)
1
2
3 km

Der Summit von Kufstein befindet sich nicht am Ende des Grates, dem Ellmauer Halt (Summit von Ellmau), sondern vor der Schlüsselstelle am sechsten Turm.
Für den Abstieg gibt es mehrere Varianten. Wenn man mit Öffis angereist ist, bietet sich die Überschreitung nach Ellmau an. Dazu geht es vom Gipfel Richtung Westen und über den Gamsängersteig (versicherter Steig B), über die Gruttenhütte zur Wochenbrunneralm nach Ellmau (siehe **49**, Seite 171 ff.). Wenn das Auto am Ausgangspunkt wartet, zweigt man bei der Rote-Rinn-Scharte nach rechts ab und steigt über den teilweise versicherten Steig (max. B) weiter ab in den Schärlinger Boden. Dann hinab zum Anton-Karg-Haus und durch das Kaisertal zurück zum Ausgangspunkt.

## Ellmau **Ellmauer Halt** 2 341 m **49**

**Ranking** 169 Tirol (277) 2 Bezirk (30) 31 Buch (89)

**Koordinaten** WGS 84: 47.561661, 12.302544

**Karten** BEV: BMN 90 Kufstein bzw. UTM 3213 Kufstein;
Kompass: 9 Kaisergebirge;
Alpenverein: 8 Kaisergebirge

**Summits in der Nähe**

48 Kufstein – 6. Turm am Kopftörlgrat
50 Scheffau am Wilden Kaiser – Treffauer
3 Kirchdorf in Tirol – Ackerlspitze
4 Going am Wilden Kaiser – Ackerlspitze

**T3 • I bis II • 1250 Höhenmeter • 9 km • 7–8 Stunden**
**Charakteristik:** Anspruchsvolle Bergtour mit Klettersteigpassagen auf den höchsten Kaisergipfel.
**Ausrüstung:** festes Schuhwerk, Steinschlaghelm, ev. Klettersteigausrüstung
**Ausgangspunkt:** Wochenbrunneralm, derzeit fährt ein Wanderbus bis zur Wochenbrunneralm. Infos dazu auf https://www.wilderkaiser.info/de/mobilitaet/mobil-am-wilden-kaiser.html

Von der Wochenbrunneralm dem Wanderweg 825 bis zur Gruttenhütte folgen und weiter bergauf durch das Schotterkar (Weg 813, Wegweiser zur Ellmauer Halt). Ab hier ist ein Steinschlaghelm sinnvoll. Der Steig führt über Schrofenbänder bis zur Jägerleiter. Dabei handelt es sich um Eisenstifte, die wie eine Treppe in den Felsen geschlagen wurden. Bei der Abzweigung zur Rote-Rinn-Scharte rechts halten und über Rinnen, gestufte Felsformationen und leichte Kletterei mit Eisenstiften weiter, an einem Unterstand vorbei und zum Gipfel. Am Summit von Ellmau, der höchsten Erhebung des Wilden Kaisers, hat man bei klarer Sicht einen fantastischen Ausblick auf die Kitzbüheler Alpen, die Loferer und Leoganger Steinberge und die Hohen Tauern.
Der Abstieg erfolgt auf der Anstiegsroute.
(Routenverlauf als Abstiegsvariante auf der Karte Seite 169)

## Scheffau am wilden Kaiser **Treffauer** 2 304 m **50**

**Ranking** 178 Tirol (277) 5 Bezirk (30) 36 Buch (89)

**Koordinaten** WGS 84: 47.555356, 12.291482

**Karten** BEV: BMN 90 Kufstein bzw. UTM 3213 Kufstein;
Kompass: 9 Kaisergebirge;
Alpenverein: 8 Kaisergebirge

**Summits in der Nähe**


**49** Ellmau – Ellmauer Halt
**48** Kufstein – 6. Turm am Kopftörlgrat
**3** Kirchdorf in Tirol – Ackerlspitze
**4** Going am Wilden Kaiser – Ackerlspitze

**T3 • 1400 Höhenmeter • 11 km • 8 Stunden**
**Charakteristik:** Anspruchsvolle, sehr steile und teils ausgesetzte Bergtour, auf der Trittsicherheit und Schwindelfreiheit unbedingt erforderlich sind.
**Ausrüstung:** gutes Schuhwerk, Helm empfehlenswert, ev. Wanderstöcke
**Ausgangspunkt:** Parkplatz Gasthof Jägerwirt

Vom Parkplatz führt ein Forstweg zur Wegscheid-Niederalm. Diese lässt man rechts liegen und geht auf einem Pfad weiter an der Hochalm vorbei und bis zu einer Weggabelung des Wilder-Kaiser-Steigs (Adlerweg). Hier hält man sich erst links und bei der nächsten Abzweigung rechts und gelangt durch Buschwerk bis zu einem Wasserfall. Hier nach rechts über einen steilen Pfad bis ins Schneekar, wo der Steig erneut nach rechts abzweigt. Jetzt sehr steil bergauf, auch die Hände kommen zum Festhalten an den Felsen zum Einsatz – es gibt vereinzelt Seilversicherungen. Über unzählige Serpentinen geht es durch steiles Wiesengelände aufwärts zum Vorgipfel und dann dem teilweise ausgesetzten Grat folgend zum Hauptgipfel mit Gipfelkreuz. Der dritthöchste Kaisergipfel bietet beeindruckende Ausblicke auf die restlichen Kaiser-Gipfel, markant sieht man den Ellmauer Halt (Summit von Ellmau 49).
Um nicht denselben Weg zurückgehen zu müssen, bietet sich eine Rundtour über das Tuxeck an, das mit imposanten Tiefblicken nach Scheffau aufwarten kann. Um das Tuxeck zu erreichen, das man vom Treffauer schon sieht, folgt man dem Grat weiter in südliche Richtung. Für die letzten Meter zum Gipfel ist Kletterkönnen gefragt (II). Die

Eisenstifte sind hier hilfreich, eine Seilversicherung gibt es nicht. Dieser Abschnitt kann aber auch einfach umgangen werden, wenn man auf den Gipfel verzichtet. Der Abstieg folgt Richtung Westen einer steilen Rinne und in leichter Kletterei geht es bis zum Wilder-Kaiser-Steig. Auf diesem nach rechts, bis man die bereits bekannte Weggabelung, die man im Aufstieg passiert hat, erreicht und links wieder Richtung Wegscheidalm absteigt.

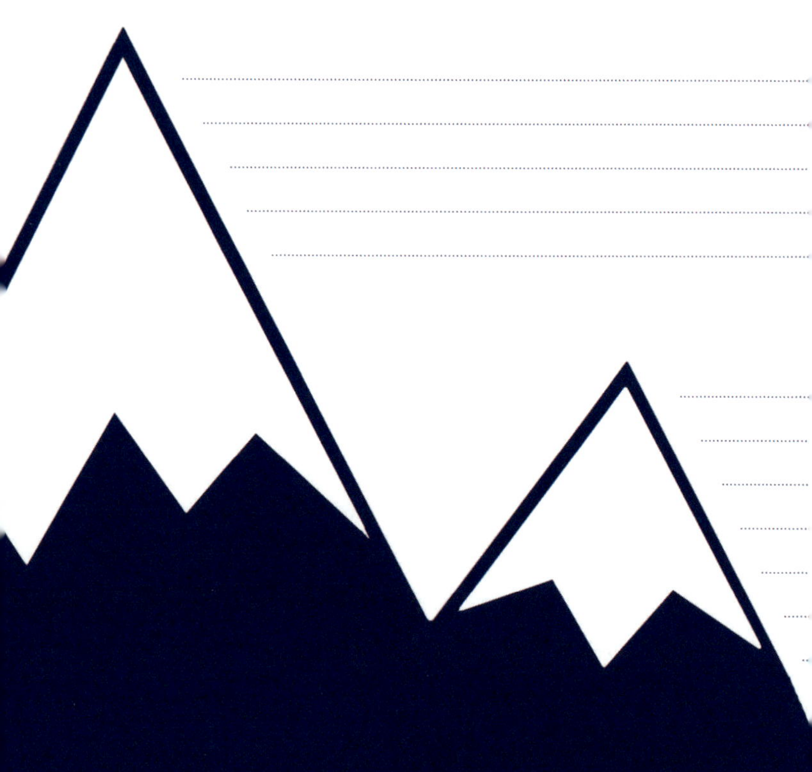

# SCHWAZ

**Hochfeiler** 3 507 m (Finkenberg) **89**

**Olperer** 3 476 m (Tux) **88**

**Großer Löffler** 3 378 m (Mayrhofen) **87**

**Reichenspitze** 3 303 m (Brandberg) **86**

**Schneekarspitze** 3 208 m (Gerlos) **85**

**Rastkogel** 2 761 m (Weerberg) **62**

**Rastkogel** 2 761 m (Hippach) **63**

**östl. der Birkkarspitze** 2 747 m (Vomp) **51**

**Grindlspitze** 2 633 m (Schwendau) **64**

**Rosskopf** 2 575 m (Fügenberg) **61**

**Kreuzjoch** 2 558 m (Gerlosberg) **80**

**Katzenkopf** 2 535 m (Stummerberg) **79**

**östl. des Marchkopfes** 2 495 m (Zellberg) **65**

**Sonnjoch** 2 457 m (Eben am Achensee) **52**

**Torhelm** 2 452 m (Hainzenberg) **84**

**nordöstl. des Wimbachkopfes** 2 440 m (Kaltenbach) **68**

**östl. d. Wimbachkopfes** 2 439 m (Aschau im Zillertal) **67**

**nordwestl. d. Marchkopfes** 2 423 m (Ried im Zillertal) **66**

**südöstl. des Galtenbergs** 2 422 m (Hart im Zillertal) **78**

**Hühnerkopf** 2 384 m (Pill) **60**

**Hochfeld** 2 350 m (Ramsau im Zillertal) **83**

↴

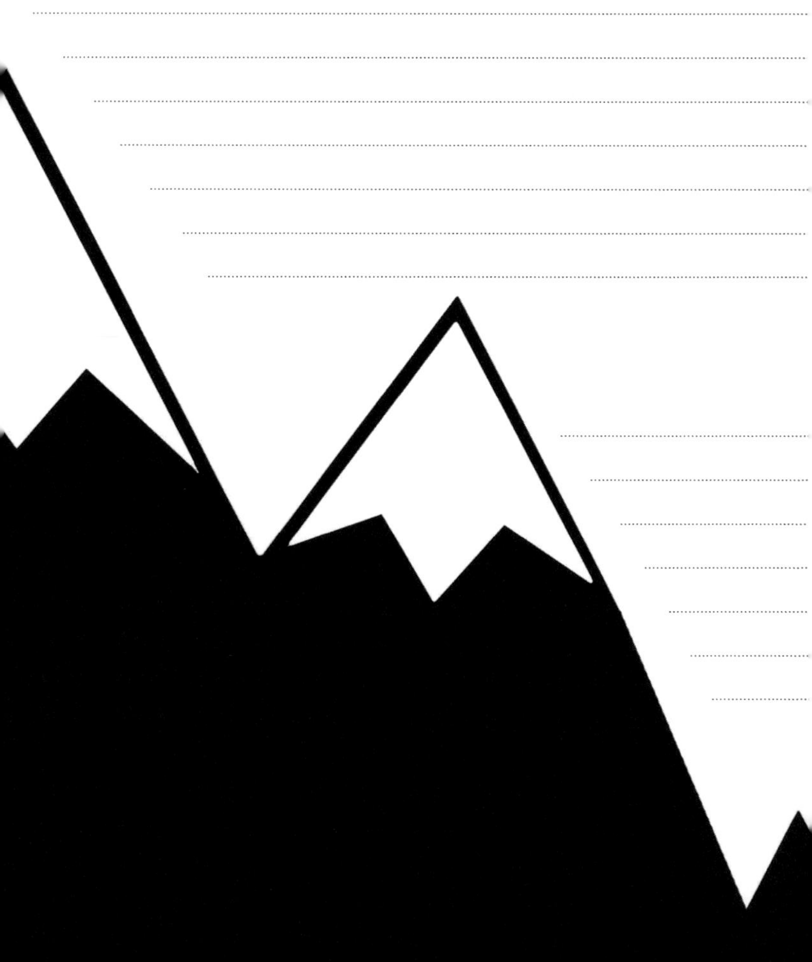

# SCHWAZ

↓

**Kellerjoch** 2344 m (Schwaz) 70

**Hochiss** 2299 m (Steinberg am Rofan) 57

**südwestl. des Törljochs** 2228 m (Rohrberg) 81

**Stuhlböcklkopf** 2168 m (Achenkirch) 56

**Ochsenkopf** 2147 m (Stans) 54

**Ochsenkopf** 2147 m (Jenbach) 55

**Gratzenkopf** 2087 m (Gallzein) 71

**Ebner Joch** 1956 m (Wiesing) 58

**Durrajoch** 1740 m (Buch in Tirol) 74

**Durrajoch** 1738 m (Schlitters) 73

**Durrjoch** 1634 m (Uderns) 69

**östl. des Walderjochs** 1619 m (Terfens) 53

**westl. des Speicherteichs** 1513 m (Bruck am Ziller) 76

**südwestl. des Larchkopfes** 1361 m (Strass im Zillertal) 75

**nordwestl. der Dristalaste** 881 m (Stumm) 77

**Leitnerbachgraben** 879 m (Fügen) 72

**nordöstl. von St. Peter** 805 m (Weer) 59

**Straßenböschung Gerlosstraße** 602 m (Zell am Ziller) 82

# 51 Vomp östlich der Birkkarspitze 2 747 m

**Ranking** 

Tirol (277) 

Bezirk (39) 

Buch (89)

**Koordinaten** WGS 84: 47.411363, 11.437849

**Karten** BEV: BMN 118 Innsbruck bzw. UTM 2217 Hinterriss und 2223 Innsbruck; Kompass: 290 Innsbruck und Umgebung; Alpenverein: 5/2 Karwendelgebirge Mitte

**Summits in der Nähe**

- **52** Eben am Achensee – Sonnjoch
- **53** Terfens – Walder Joch
- **54** Stans – Ochsenkopf
- **55** Jenbach – Ochsenkopf

★ Die Birkkarspitze ist auch der Summit von Scharnitz (Bezirk Innsbruck Land). Der Summit von Vomp ist zwei Meter niedriger und liegt 22 Meter östlich.

 **1900 Höhenmeter • 42 km • tagesfüllend**
Radstrecke: **35 km • 950 Höhenmeter**
Wanderstrecke: **T3 • 950 Höhenmeter • 7 km • 5 Stunden (hin und retour)**
**Charakteristik:** Lange Bike-and-Hike-Tour, die mit einer Nächtigung im Karwendelhaus entsprechend aufgeteilt werden kann.
**Ausrüstung:** Mountainbike, Wanderausrüstung, GPS-Gerät
**Ausgangspunkt:** Mautstelle Hinterriß beim aufgelassenen Alpenhof im Risstal (942 m); bis hierhin ist die Anreise mit dem Bergbus (Linie 9569 ab Bahnhof Lenggries) in 40 Minuten möglich; Radmitnahme an Werktagen nach telefonischer Voranmeldung. Einige kostenpflichtige Parkmöglichkeiten.

Von der Mautstelle Hinterriß am besten mit dem (E-)Bike auf der asphaltierten Straße 1,5 Kilometer flach taleinwärts zur Bushaltestelle Johannestal (diese liegt im Gemeindegebiet von Eben am Achensee). Hier rechts ab und auf der ausgewiesenen MTB-Strecke 454 „Hinterriß/Hochalmsattel" ins Johannestal von Norden mitten ins Karwendelgebirge. Wunderschöne Ausblicke Richtung Süden in die schroffen Nordwände versüßen die lange Fahrt auf dem teilweise recht groben Schotter. Im Bereich des Kleinen Ahornbodens (1 399 m), einem weitläufigen Alm- und Naturschutzgebiet auf einer Hochebene mitten im Karwendel, verflacht das Gelände mit dem Fahrweg für eine Weile und eine Pause im Schatten des Denkmals des Karwendel- und Bergpioniers Hermann Freiherr von Barth bietet sich an. Die Straßenführung bleibt die letzten gut 400 Höhenmeter bis zum Hochalmsattel anspruchsvoll und auch die Hitze der Vormittagssonne kann herausfordernd sein – ein

früher Start ist deshalb von Vorteil. Vom Sattel sind es dann nur wenige hundert Meter bis zum Karwendelhaus (E-Bike-Ladestation).

Der zweite Teil dieser Tour führt zu Fuß direkt hinter dem Karwendelhaus zuerst leicht stahlseilversichert durch die oberhalb liegenden Lawinenschutzbauten, quert einen Latschengürtel und mündet auf dem Adlerweg in das lange Schlauchkar. Dieses zieht auf einem typisch schottrigen Karwendelsteig in gleichmäßiger Neigung bis in den Schlauchkarsattel, in dem linkerhand eine kleine Notunterkunft, die Birkkarhütte, thront. Im oberen Teil des Weges können bis weit in den Sommer hinein Altschneereste das Vorwärtskommen etwas erschweren. Vom Notbiwak geht es, wieder teilweise stahlseilversichert, auf mit Schutt bedeckten Bändern zum Gipfelkreuz der Birkkarspitze. Sie ist der höchste Gipfel im Karwendelgebirge und das Gipfelkreuz markiert den höchsten Punkt im Gemeindegebiet von Scharnitz. Der höchste Punkt im Gemeindegebiet von Vomp liegt 22 Meter östlich davon auf einem kleinen unmarkierten Felsgupf. Im Zuge des Abstiegs (Stecken empfohlen) lohnt sich eine Einkehr beim Karwendelhaus. Vorsicht bei der Abfahrt auf dem grobschottrigen Fahrweg!

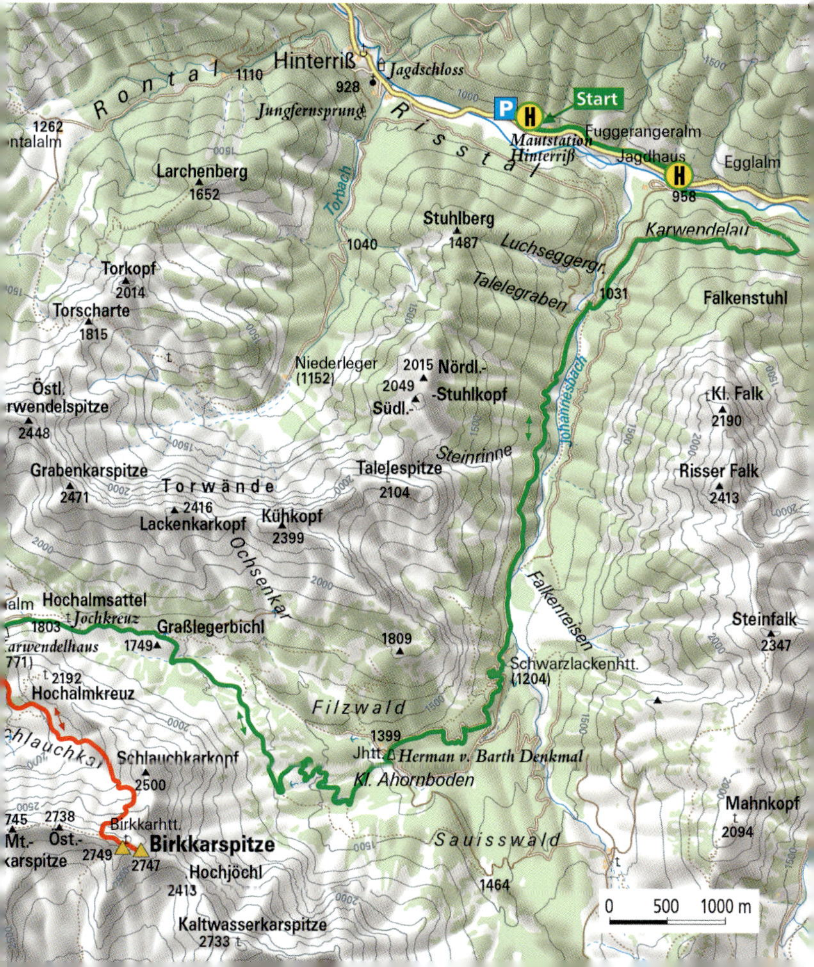

Start
Hinterriß
928
Jagdschloss
Rontal
1110
Jungfernsprung
Risstal
Mautstation Hinterriß
Fuggerangeralm
Jagdhaus
958
Egglalm
1262
ntalalm
Larchenberg
1652
Torbach
Stuhlberg
1487
1040
Luchseggergr.
Karwendelau
Talelegraben
1031
Falkenstuhl
Torkopf
2014
Torscharte
1815
Niederleger
(1152)
2015 Nördl.-
2049 -Stuhlkopf
Südl.-
Johannesbach
Kl. Falk
2190
Östl.
rwendelspitze
2448
Steinrinne
Grabenkarspitze
2471
Torwände
2416
Lackenkarkopf
Kuhkopf
2399
Talelespitze
2104
Risser Falk
2413
Ochsenkar
Falkenreisen
alm
Hochalmsattel
1803
Jochkreuz
Graßlegerbichl
1749
1809
Steinfalk
2347
arwendelhaus
771)
2192
Hochalmkreuz
Schwarzlackenhtt.
(1204)
Filzwald
1399
Jhtt.
Herman v. Barth Denkmal
Kl. Ahornboden
Schlauchkar
Schlauchkarkopf
2500
745
2738
Mt.-
Öst.-
karspitze
2749
Birkkarhtt.
Birkkarspitze
2747
Hochjöchl
2413
Sauisswald
Mahnkopf
2094
1464
Kaltwasserkarspitze
2733
0 500 1000 m

# 52 Eben am Achensee Sonnjoch 2 457 m

**Ranking** 144 Tirol (277) 14 Bezirk (39) 17 Buch (89)

**Koordinaten** WGS 84: 47.412413, 11.605096

**Karten** BEV: BMN 119 Schwaz bzw. UTM 2217 Hinterriss und 2223 Innsbruck; Kompass: 290 Innsbruck und Umgebung; Alpenverein: 5/3 Karwendelgebirge Ost

**Summits in der Nähe**


54 Stans – Ochsenkopf
55 Jenbach – Ochsenkopf
53 Terfens – Walder Joch
59 Weer – St. Peter im Wald

**T3 • 1300 Höhenmeter • 10 km • 7 Stunden**

**Charakteristik:** Traumhafte Rundtour, bei der Schwindelfreiheit und Trittsicherheit Voraussetzung sind.

**Ausrüstung:** Wanderausrüstung, Steinschlaghelm

**Ausgangspunkt:** Parkplatz auf der Straße von Pertisau Richtung Gramais am Straßenrand vor einem Weiderost (Wegweiser)

Vom Parkplatz weist ein Wegweiser erst in den Wald, später durch Buschwerk und dann in vielen Serpentinen steil bergauf durch ein Kar bis zum Bärenlahnersattel (hier sind oft Steinböcke zu sehen). Die ersten 800 Höhenmeter sind durch die Steilheit erstaunlich rasch überwunden. Vom Sattel genießt man bereits Ausblicke in die nördlich liegenden

Karwendelberge und hinunter zum Ahornboden. Von hier nach links, immer wieder kurz absteigend oder steil bergauf über Schotterrinnen. Der Steig ist gut markiert, meist verläuft er rechts des Grates. Am Ende geht es teils ausgesetzt und felsig auf dem Ostgrat zum Gipfel des Sonnjochs, dem Summit von Eben am Achensee.

Bis hier ist man oft allein unterwegs, denn die meisten wählen den einfacheren Weg über den Gramai Alm Hochleger, der sich auch für den Abstieg anbietet. Dafür zuerst über einen breiten plattigen Rücken, später durch Latschenfelder, linkshaltend bis zum Gramai Alm Hochleger (bewirtschaftet) hinunter und dann auf einem immer breiter werdenden Weg bis in den Talboden. Entlang der Straße zurück zum Ausgangspunkt.

## Terfens östlich des Walder Jochs 1619 m 53

**Ranking** 241 Tirol (277) 33 Bezirk (39) 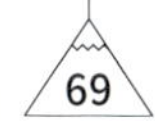 69 Buch (89)

**Koordinaten** WGS 84: 47.338665, 11.597208

**Karten** BEV: BMN 119 Schwaz bzw. UTM 2223 Innsbruck; Kompass: 290 Innsbruck und Umgebung; Alpenverein: 5/3 Karwendelgebirge Ost

**Summits in der Nähe**

- 59 Weer – St. Peter im Wald
- 52 Eben am Achensee – Sonnjoch
- 55 Jenbach – Ochsenkopf
- 54 Stans – Ochsenkopf

**1150 Höhenmeter • 32 km • 4 Stunden**
**Charakteristik:** Aussichtsreiche Rundtour meist auf Forst- und Asphaltstraßen mit einem kurzen Wegstück zu Fuß zum Auffinden des Summits.
**Ausrüstung:** Mountainbike
**Ausgangspunkt:** Bahnhof Terfens/Weer, die Rundtour kann von einem beliebigen Punkt in Terfens gestartet werden.

Vom Bahnhof Terfens/Weer fährt man an den Gleisen entlang etwa 800 Meter Richtung Osten zu einer Unterführung, die auf die Nordseite der Bahn leitet. Danach weiter nach rechts an der Straße, die bald nach links abbiegt. Im Dorfzentrum von Terfens geradeaus der Hauptstraße folgen bis zu einer Linkskurve (auf der Höhe der Wallfahrtskirche Maria Larch), bei der rechts abgebogen werden muss. Die Straße führt durch ein kurzes Waldstück, dann wieder an ein paar Häusern vorüber, wo man immer geradeaus weiterfährt. Die Straße macht in weiterer Folge einen Bogen nach links am ehemaligen Gasthof Bergblick vorbei und führt in den Wald, wo man sich bei einer Abzweigung rechts hält. Hier verläuft die Mountainbikeroute „Hinterhorn-Gan-Tour 408“, der man bis zur Walderalm folgt. Die Auffahrt über die Ganalm zur Walderalm erfolgt auf einem Forstweg in angenehmer Steigung stetig bergwärts. Bei der Walderalm biegt man links ab, umrundet die Kapelle und lässt, kurz bevor der Forstweg endet, das Rad stehen. Die letzten Meter sind zu Fuß zurückzulegen. Vom Forstweg führt ein Pfad zum Walder Joch mit einer gemütlichen Sitzgelegenheit. Der Summit von Terfens befindet sich circa 90 Meter östlich des Kreuzes (nur mit GPS exakt bestimmbar).

Zurück geht's wieder zur Walderalm und dann links Richtung Hinterhornalm. Hier wartet noch ein kurzer Gegenanstieg, bevor das Rad dann über eine Asphaltstraße flott nach unten nach Gnadenwald rollt. Dort entlang der Hauptstraße Richtung Osten (links) direkt nach Terfens.

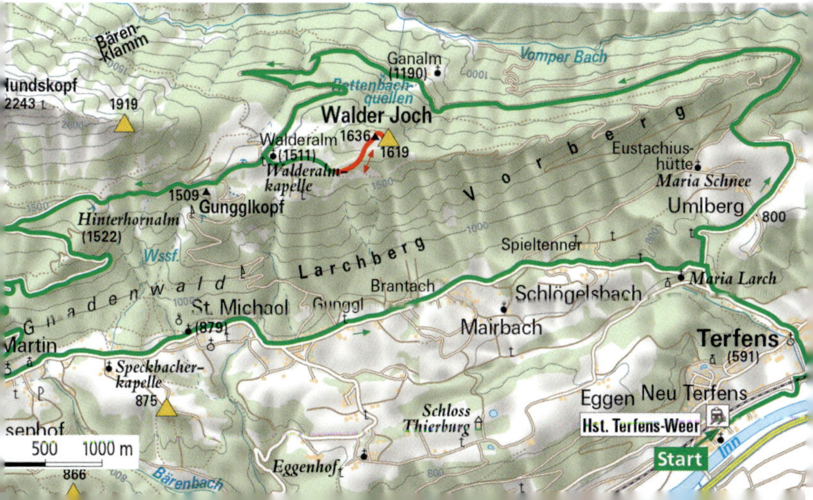

## 54 Stans **Ochsenkopf** 2 147 m

**Ranking** 198 Tirol (277) 26 Bezirk (39) 44 Buch (89)

**Koordinaten** WGS 84: 47.398765, 11.680331

**Karten** BEV: BMN 119 Schwaz bzw. UTM 2218 Kundl und 2224 Schwaz; Kompass: 290 Innsbruck und Umgebung; Alpenverein: 5/3 Karwendelgebirge Ost

**Summits in der Nähe**

- 55 Jenbach – Ochsenkopf
- 52 Eben am Achensee – Sonnjoch
- 58 Wiesing – Ebner Joch
- 56 Achenkirch – Stuhlböcklkopf

★ Doppelsummit mit 55 Jenbach; diese beiden liegen vier Meter voneinander entfernt und sind gleich hoch.

Radstrecke: **1400 Höhenmeter • 13 km • 6 Stunden (mit dem E-Bike geht's schneller)**

Wanderstrecke: **T1 • 200 Höhenmeter • 3 km • ¾ Stunde**

**Charakteristik:** Mit normalem Mountainbike ein anstrengendes Höhenmeterkurbeln, dafür wird man mit traumhaften Blicken ins Karwendel und ins Inntal belohnt.

**Ausrüstung:** (E-)Bike und Wanderausrüstung

**Ausgangspunkt:** Bahnhof Stans

Vom Bahnhof Stans Richtung Nordwesten bis zur Hauptstraße, hier linkshalten und weiter bis zu einer Linkskehre. Dann leicht rechts von der Hauptstraße abbiegen und gleich danach wieder rechtshaltend Richtung Parkplatz Winterwanderweg St. Georgenberg beim Pfarramt und der Laurentiuskirche. Hinter der Kirche links abbiegen und der Straße folgen. An den letzten Häusern vorbei wird der Weg zum Forstweg und führt in den Wald. Jetzt nicht zum Schloss Tratzberg, sondern den Schildern Richtung Stanser Joch nach links folgen. Die Straße ist erst asphaltiert, wird aber bald zur Schotterstraße und führt zum Stanser Hochleger (1961 m). Ab hier ist Wandern angesagt und der Steig führt zunächst Richtung Stanser Joch mit den markanten Lawinenverbauungen. Zum Ochsenkopf hält man sich auf dem Rücken allerdings links und wandert über einen grasigen Kamm bis zum höchsten Punkt, der mit wunderschönem Panorama wartet.
Abstieg wie Aufstieg.

**Variante: T2 • 1600 Höhenmeter • 9 km • 8–9 Stunden**
Die Tour startet entweder beim Bahnhof oder beim Wanderparkplatz der Laurentiuskirche. Von hier zuerst Richtung Norden gut beschildert bergauf Richtung Kapelle Maria Tax/St. Georgenberg. Später immer den Schildern zum Stanser Joch auf dem markierten Wanderweg 235 bis zum Hochleger folgen und weiter wie beschrieben.

## Jenbach **Ochsenkopf** 2 147 m **55**

**Ranking** 199 Tirol (277) 27 Bezirk (39) 45 Buch (89)

**Koordinaten** WGS 84: 47.398772, 11.680386

**Karten** BEV: BMN 119 Schwaz bzw. UTM 2218 Kundl und 2224 Schwaz; Kompass: 290 Innsbruck und Umgebung; Alpenverein: 33 Tuxer Alpen und 5/3 Karwendelgebirge Ost

**Summits in der Nähe**

- 54 Stans – Ochsenkopf
- 52 Eben am Achensee – Sonnjoch
- 58 Wiesing – Ebner Joch
- 56 Achenkirch – Stuhlböcklkopf

★ Doppelsummit mit 54 Stans; diese beiden Summits liegen vier Meter voneinander entfernt und sind gleich hoch.

**T2 • 1600 Höhenmeter • 17 km • 7 Stunden**
**Charakteristik:** Steile Wanderung, immer entlang eines Bergrückens mit Tiefblicken ins Inntal und Richtung Norden zum Achensee. Durch ihre Ausrichtung ist die Tour bereits sehr früh oder noch spät im Jahr möglich.
**Ausrüstung:** Wanderausrüstung
**Ausgangspunkt:** Bushaltestelle Jenbach/Badgasse (Linie 8336) oder Parkplatz beim Rodelhüttenweg am oberen Siedlungsende

Von der Bushaltestelle Badgasse geht es der Straße entlang Richtung Norden, kurz entlang der Huberstraße und dann links in die Ledergasse. Dann gleich wieder links zur Jenbacher Straße, die man überquert und schon am Rodelhüttenweg ankommt. Geradeaus (rechts liegt der Parkplatz) bis zu einer Linkskurve, wo der Wanderweg rechts abzweigt (Beschilderung „Stanserjoch – Jöchlalm – Brandkögerl"). Der Weg führt erst mäßig steil durch den Wald zur Hirschfütterung Huber-Leiten und weiter bis zum Zeiselegg mit Gedenkkreuz. Ab hier nimmt er an Steilheit zu und führt zur Abzweigung zum Brandkögerl, das auf einem kurzen Abstecher erreicht werden kann. Die Tiefblicke ins Inntal sind bereits hier fantastisch.
Danach wieder weniger steil aufwärts zu einer Weggabelung, wo das Stanser Joch angeschrieben ist, und bis zur Jöchlalm. Nach weiteren 200 Höhenmetern über Almgelände und durch Latschen wird das Gedenkkreuz des sogenannten Weihnachtseggs erreicht. Der Kamm führt immer wieder ein paar Meter bergab, am Abzweiger Richtung Eben vorbei und durch die Lawinenverbauungen zum

Stanser Joch. Danach folgt man dem Gratverlauf weiter zur höchsten Erhebung des Rückens (kein Gipfelkreuz), dem Ochsenkopf. Der Summit von Jenbach liegt vier Meter östlich des Summits von Stans und ist gleich hoch.

Entweder geht es danach über gleichen Weg zurück oder als Rundtour retour bis in den Sattel zwischen Ochsenkopf und Stanser Joch und links über den Steig hinab zum Weißenbachsattel. Dort zweigt ein weiterer Steig nach rechts ab, erst zur Weißenbachalm, dann zur Weißenbachhütte und bergab ins Weißenbachtal. Kurz vor dem Ort Maurach nimmt man den Wanderweg rechts ein paar Meter bergauf und danach gleich wieder bergab zur Rodelhütte. Hier geradeaus zum Ende der Rodelbahn und zurück zum Parkplatz oder der Bushaltestelle.

# 56 Achenkirch Stuhlböcklkopf 2 168 m

| | |
|---|---|
| **Ranking** | 193 Tirol (277) · 25 Bezirk (39) · 43 Buch (89) |
| **Koordinaten** | WGS 84: 47.461790, 11.755968 |
| **Karten** | BEV: BMN 119 Schwaz bzw. UTM 2218 Kundl;<br>Kompass: 290 Innsbruck und Umgebung;<br>Alpenverein: 6 Rofangebirge |

**Summits in der Nähe**

- 57 Steinberg am Rofan – Hochiss
- 39 Münster – Rofanspitze
- 58 Wiesing – Ebner Joch

**T3 • 1250 Höhenmeter • 14 km • 6 Stunden**

**Charakteristik:** Aussichtsreiche Tour in traumhafter Umgebung auf einen weglosen Summit.

**Ausrüstung:** Wanderausrüstung

**Ausgangspunkt:** Bushaltestelle Achenkirch/Achenseerhof (Linie 4080) oder Parkplatz an der Bushaltestelle

Am Ausgangspunkt sieht man bereits den Hochseilgarten, der als erstes durchquert wird. Den Markierungen folgend geht es weiter zu einer Brücke (ein Abstecher zum höchsten Wasserfall am Achensee ist hier in jedem Fall lohnend) bis zu einem Forstweg, der zum Kotalm Niederleger führt. Gut markiert geht es auf einem Wanderweg, der immer wieder die Forststraße kreuzt, zum Kotalm Mitterleger. Der Weg wird jetzt immer schmaler, führt in

ein wunderschönes Hochtal und zum verfallenen Hochleger, ab dem das Gelände alpineren Charakter aufweist. Durch Latschen und an Felsblöcken sowie unterhalb der Dalfazer-Wände vorbei wird das Gelände immer steiler, bis man das Steinerne Tor erreicht. Hier biegt ein Steig links Richtung Streichkopf ab. Etwa 50 Höhenmeter unterhalb des Streichkopfes zweigt man weglos Richtung Kamm ab, der nach Nordwesten führt. Auf diesem breiten Rücken bergab über Felsblöcke, jedoch nie ausgesetzt, bis zu einer Erhebung, hinter der es steil abfällt, zum Stuhlböcklkopf (2186 m). Von hier hat man einen weiten Ausblick zum Guffert sowie ins Karwendel.
Retour auf demselben Weg.

## Steinberg am Rofan Hochiss 2 299 m 57

| | |
|---|---|
| **Ranking** | 179 Tirol (277) 23 Bezirk (39) 37 Buch (89) |
| **Koordinaten** | WGS 84: 47.458466, 11.764730 |
| **Karten** | BEV: BMN 88 Achenkirch und 119 Schwaz bzw. UTM 2218 Kundl; Kompass: 290 Innsbruck und Umgebung; Alpenverein: 6 Rofangebirge |

**Summits in der Nähe**

56 Achenkirch – Stuhlböcklkopf
39 Münster – Rofanspitze
58 Wiesing – Ebner Joch

★ Der Hochiss ist nicht nur der Summit von Steinberg am Rofan, sondern auch der höchste Gipfel im Rofangebirge.

 **T2 • Klettersteig C/D • 1880 Höhenmeter (Aufstieg) • 1080 Höhenmeter (Abstieg) • 18 km • Abfahrt mit der Rofanseilbahn nach Münster • 9–10 Stunden**

**Charakteristik:** Einsame Öffi-Tour mit Nord-Süd-Überschreitung des Rofangebirges.

**Ausrüstung:** Wanderausrüstung, für die Ost-West-Überschreitung des Spieljochs (C im Abstieg) sowie für den schönen Klettersteiganstieg auf den Hochiss (C/D) ist eine Klettersteigausrüstung notwendig. Der Spieljoch-Klettersteig kann auch südlich in einer großen Schlaufe umgangen werden.

**Ausgangspunkt:** Bushaltestelle Steinberg am Rofan/Obersteinberg (Linie 7801); Endpunkt: Talstation Rofanseilbahn in Münster

Diese ungewöhnliche Tour beginnt mit einer – in den meisten Fällen wahrscheinlich – längeren Anreise mit den Öffis zum Ausgangspunkt in Steinberg am Rofan. Direkt von der Bushaltestelle auf den Wanderweg in den Wald Richtung „Holzermahdweg“ und „Schmalzklause“. Der Steig führt stellenweise hoch über der Steinberger Ache dahin, quert auf einem kleinen Holzbrückerl den Gaismoosbach und vereinigt sich nach dem Abstieg zur Grundache mit dem geschotterten Fahrweg. Diesem leicht bergauf und entlang des Baches folgen, bis südwärts – links – eine Abzweigung Richtung Ampmoosalm (Weg 412) führt. Der Fahrweg endet kurz danach und geht in einen Wanderweg über, der in einigem Zick-Zack, gegen Ende hin steiler werdend, die Alm erreicht. Bei den Almgebäuden nach links und lang immer an den steil aufragenden Felswänden rechter Hand an der Marchalm vorbei zum Marchgatterl auf 1905 Meter. Von dort, den Zireiner See kurz im Blick, nach rechts

Steinberg am Rofen
(1010)
Start
Vordersteinberg
Durrahof
Gfasskopfe
1279
904
Schönjochtal
Gaismoosbach
Fuchslochgraben
Rosentalgraben
Sattelal
Köhlermahd
Holzermahd
Laubkogel
1501
1315
Schmalzklausenalm
Spannwände
Grundache
Mahrntalalm
(1242)
Eselb
Anger
Schindeltalbach
Schauertalgraben
Tanneggraben
Labegggraben
Karlgraben
Holzergraben
Mahrntalgraben
Angeralm
(1484)
Marchspitze
2004
Zireiner See
(1799)
1905
Marchalm
Marchgatterl
Seilegg
1981
Gamswandspitze
1937
Latschberg
1949
Ampmoosalm
Streichkopf
2243
Hochiss
2299
Seekarlspitze
2261
Spieljoch
2236
Roßköpfe
2246
2102
Grubascharte
Bettlersteig
Rofanspitze
2259
Sagzahn
2228
Zireiner Alm
(1698)
Ludoialm
(1479)
Grubasee
Krahnsattel
Schermsteinalm
Gschöllkopf
2039
Rötspitze
Mauritzalm
Jhtt.
(1831)
Maurach
Vorderes Sonnw
2224
Bayreuther Htt.
0
500
1000 m

auf den Nordostgrat (Summit von Münster **39**), die Rofanspitze. Unschwierig auf breitem Wanderweg in den Sattel, in den die gesperrte Variante des Bettlersteiges herauffführt und nun auf der Südseite der Rofangipfelkette, südlich der Rossköpfe herum und schottrig-steil in das Spieljoch und an das obere Ende des mit C bewerteten Spieljoch-Klettersteiges. Diesen in einer knappen halben Stunde abklettern und über die südseitigen, steilen Wiesenhänge zum Einstieg des Hochiss-Klettersteiges. Dieser gilt als der attraktivste in der Achensee-5-Gipfel-Klettersteigserie, hat eine Kletterlänge von 140 Metern und ist mit C/D bewertet. Der höchste Punkt im Gemeindegebiet von Steinberg am Rofan – und des gesamten Rofangebirges – liegt etwa sechs Meter nordwestlich des Gipfelkreuzes. Der Abstieg erfolgt vom Gipfel Richtung Westen, dreht nach links und quert unterhalb der Südwände in teils gesichertem Gelände am Klettersteigeinstieg vorbei und führt in einer guten Stunde auf breitem Wanderweg zur Bergstation der Rofanseilbahn.

Eine mögliche Alternative, die den beschriebenen Anstieg um gut drei Kilometer und eineinhalb Stunden verkürzt, bietet der direkte Durchstieg von der Alpmoosalm über den Bettlersteig. Dieser ist seitens der wegerhaltenden Sektion allerdings offiziell gesperrt. Begehen auf eigene Gefahr! Nur trittsicheren Bergsteigern mit Helm vorbehalten.

## Wiesing Ebner Joch 1956 m 58

**Ranking** 218 Tirol (277) 29 Bezirk (39) 54 Buch (89)

**Koordinaten** WGS 84: 47.425561, 11.773767

**Karten** BEV: BMN 119 Schwaz bzw. UTM 2218 Kundl;
Kompass: 290 Innsbruck und Umgebung;
Alpenverein: 6 Rofangebirge

**Summits in der Nähe**

- **57** Steinberg am Rofan – Hochiss
- **39** Münster – Rofanspitze
- **56** Achenkirch – Stuhlböcklkopf

**T2 • 1060 Höhenmeter • 8,5 km • 5 Stunden**

**Charakteristik:** Mit wandererprobten Kindern familientaugliche und kurzweilige Wanderung auf einen phänomenalen Aussichtsberg mit Alpengasthof in der Mitte der Wegstrecke; wegen des südostexponierten Aufstiegs empfiehlt sich ein früher Start.

**Ausrüstung:** Wanderausrüstung

**Ausgangspunkt:** Bushaltestelle Wiesing/Kanzelkehre (Linie 4080 oder 8332) oder Parkplatz Kanzelkehre 100 Meter unterhalb

Von der Bushaltestelle 100 Meter bergauf bis zur beschrankten asphaltierten Auffahrt Richtung Astenau Alpe und Ebner Joch bis zum Sendemast. An deren Ende auf den Wanderweg im Wald (Notburgasteig) bis zur Vereinigung mit dem von Eben kommenden Weg 10. Unschwierig in rund eineinhalb Stunden bis zur Astenau Alpe (1 483 m) mit großer Terrasse und Ausblicken zum Wilden Kaiser, in die Zillertaler Alpen und das Inntal, zum Stubaier Gletscher und in das Karwendelgebirge. Ab der Astenau führt der Weg über der Waldgrenze in etwas steiler und schrofiger werdendes Latschengelände. In zahlreichen Serpentinen und einer weiteren guten Stunde wird das Gipfelkreuz und der höchste Punkt im Gemeindegebiet von Wiesing erreicht. Vorsicht: Der Gipfelbereich ist etwas exponiert. Der Abstieg folgt dem Anstiegsweg.

## Weer nordöstlich von St. Peter 805 m 59

**Ranking** 272 Tirol (277) 38 Bezirk (39) 85 Buch (89)

**Koordinaten** WGS 84: 47.306107, 11.668437

**Karten** BEV: BMN 119 Schwaz bzw. UTM 2223 Innsbruck und 2224 Schwaz; Kompass: 290 Innsbruck und Umgebung; Alpenverein: 33 Tuxer Alpen

**Summits in der Nähe**

53 Terfens – Walder Joch
60 Pill – Hühnerkopf
70 Schwaz – Kreuzjoch

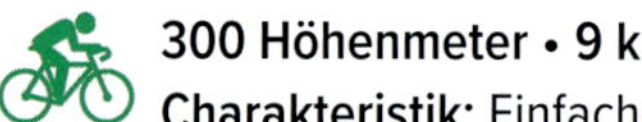

**300 Höhenmeter • 9 km • ½ Stunde**

**Charakteristik:** Einfache, kurze Bike-Tour mit kleinem Spaziergang zum Summit.

**Ausrüstung:** Bike

**Ausgangspunkt:** Inntalradweg in Weer; bei Öffi-Anreise mit dem Zug bis Bahnhof Terfens/Weer

Vom Inntalradweg auf die Vomper Straße abzweigen und Richtung Süden bis zur Bundesstraße, diese überqueren und nach circa 300 Metern links auf die Dorfstraße abbiegen (Radweg 419). Dem Radweg folgen, der beim Weerwirt rechts wegführt. Schon bald sieht man die wunderschöne, auf einem Hügel gelegene Kirche St. Peter. Hier stellt man das Rad ab und folgt auf der linken Straßenseite einem Steig in den Wald. Ein paar Meter, bevor der Steig auf eine Forststraße trifft, befindet sich der Summit von Weer, ganz unspektakulär und ohne Erkennungsmerkmal direkt auf dem Wanderweg (nur mittels GPS genau bestimmbar). Rückweg wie Hinweg.

## Pill **Hühnerkopf** 2 384 m **60**

**Ranking** 157 Tirol (277) 20 Bezirk (39) 26 Buch (89)

**Koordinaten** WGS 84: 47.270578, 11.746927

**Karten** BEV: BMN 119 Schwaz bzw. UTM 2224 Schwaz; Kompass: 290 Innsbruck und Umgebung; Alpenverein: 33 Tuxer Alpen

**Summits in der Nähe**

66 Ried im Zillertal – nördlich des Marchkopfes

65 Zellberg – Marchkopf

61 Fügenberg – Rosskopf

★ Der Name „Hühnerkopf“ ist in keiner der gängigen Karten angeführt. Er stammt aus dem Geoland-Portal der Bundesländer, das sich aus den Geoinformationsportalen der Bundesländer speist.

**T2 • 1050 Höhenmeter • 16 km • 7 Stunden**

**Charakteristik:** Einfache und aussichtsreiche Wanderung auf einen Vorgipfel des bekannten Gilfert.

**Ausrüstung:** Wanderausrüstung

**Ausgangspunkt:** Haltestelle Pillberg/Abzweigung Loas (Bergbus 8) oder Gasthof Loas am Loassattel

Von der Bushaltestelle geht's über einen Fahrweg Richtung Gasthof Loas (bis hierher 300 Höhenmeter, 4 km und 1 ¼ Stunden). Kurz danach am Parkplatz für Autoanreisende vorbei entlang der Wegweiser Richtung Gilfert rechts auf einem Steig weiter. Über einen breiten, gestuften Rücken führt ein idyllischer Pfad aufwärts erst zum Kleinen und später zum Großen Gamsstein (2 142 m). Von hier immer Richtung Gilfert mit dem großen Gipfelkreuz, die Abzweigung Richtung Sonntagsköpfl lässt man links liegen und gelangt über einen felsigen Abschnitt auf eine Art Hochfläche. Noch ein Stück weiter auf dem Weg, bis das Gelände wieder steiler wird. Hier den Steig weglos nach links verlassen. Leicht abwärts weiter bis zu einem Felsvorsprung (GPS notwendig). Der Summit von Pill befindet sich auf einem Aussichtpunkt, der Richtung Osten steil abfällt, in Blickrichtung Sonntagsköpfl.

Den majestätischen Gilfert mit dem riesigen Gipfelkreuz sollte man sich nicht entgehen lassen. Es fehlen nur noch 100 Höhenmeter. Abstieg wie Aufstieg.

**Variante Rundtour: insgesamt 1 250 Höhenmeter • 19 km • 7 ½ Stunden**

Für den Abstieg bietet sich eine etwas weitere Alternative über das Sonntagsköpfl an. Dazu auf dem Weg zurück bis zum Wegweiser Richtung Sonntagsköpfl, das man von der Abzweigung in etwa 15 Minuten erreicht. Von dort Richtung Norden bis zu einem breiten Wanderweg absteigen. Hier links und zurück zum Loassattel.

# 61 Fügenberg Rosskopf 2 575 m

Ranking 128 Tirol (277) 10 Bezirk (39) 10 Buch (89)

**Koordinaten** WGS 84: 47.221247, 11.752428

**Karten** BEV: BMN 119 Schwaz und 149 Lanersbach bzw. UTM 2224 Schwaz; Kompass: 290 Innsbruck und Umgebung; Alpenverein: 33 Tuxer Alpen

**Summits in der Nähe**

- 63 Hippach – Rastkogel
- 62 Weerberg – Rastkogel
- 64 Schwendau – Grindlspitze
- 65 Zellberg – Marchkopf

**WS- bei der nordseitigen Abfahrt • 1100 Höhenmeter • 7 km • 3–4 Stunden**

**Charakteristik:** Leichte und beliebte Skitour vom Skigebiet Fügenberg aus; beste Zeit: Hochwinter bis Anfang April.
**Ausrüstung:** Skitourenausrüstung
**Ausgangspunkt:** letzter Parkplatz im Skigebiet Hochfügen oder Bushaltestelle Talstation (Linie A, Fahrpläne der Skibusse beachten)

Vom letzten Parkplatz im Skigebiet Hochfügen oder von der Bushaltestelle unter der Gondelbahn (Unterführung) des Zillertal Shuttle hindurch. Danach am Bach entlang in gemächlicher Steigung auf dem als Rodelbahn genutzten Fahrweg zum Pfundsalm Niederleger. In der markanten Kehre unterhalb des Pfundsalm Mitterlegers (knappe Stunde vom Parkplatz) nach links über den Finsingbach und – den Fahrweg nun verlassend – über freie Hänge südlich Richtung Sidanjoch (2127 m). Dieses wird entweder direkt angesteuert oder die Spur wird weiter westlich in Richtung des weiterführenden Grates angelegt. Der weitere Anstieg folgt dem Nordostgrat zum Summit von Fügenberg.
Die Abfahrt kann bei guten Verhältnissen (Lawinenlagebericht, Schnee, Sicht) direkt vom Gipfel nach Norden auf das Gelände der Pfundsalm erfolgen. Dabei wird der Pfundsalm Mitterleger angesteuert. Von hier entlang der Aufstiegsspur und der Rodelbahn bis zum Parkplatz.
Ansonsten vom Gipfel des Rosskopfs am Grat Richtung Sidanjoch und an geeigneter Stelle im Bereich der Aufstiegsspur bis zu der Kehre unterhalb des Mitterlegers.

Start
Hochfügen
(1474)
-Mittelleger
Lamarkalm-
-Niederleger
(1613)
Pfaffenbühel
Lamarkbach
Finsingbach
Viertelbach
Holzalm
Hochleger
(1896)
Aussichtspunkt Zillertal
Spitzlahn
Pfundsalm
Niederleger
(1640)
Lamarkalm
Hochleger
(1986)
Viertelalm
Niederleger
Lamarkalm
Viertelalm
Hochleger
Viertelalm
Seewand
Gipfel
2445
Pfaffenbichl
2431
Pfundsalm
Mitterleger
(1832)
Kraxentrager
2423
Kreuzjoch
Viertelalm
Niederleger
Kl. Gilfert
2380
Pfundsalm
Sidanjoch
2127
Rastkogelhütte
(2117)
Pfundsjoch
2350
Sidanalm
Schafleitenalm
Hochleger
Sidanbach
Rosskopf
2575
Schafleitenalm-
Niederleger
Pointalm
Breitenkopf
Sidanalm
Sandegg
2360
Sandeggalm-
-Hochleger
Dreispitzkopf
2604
Rastkogel
2761
Pangert
2550
Grindlspitz
2633
0
500

## Weerberg Rastkogel 2 761 m 62

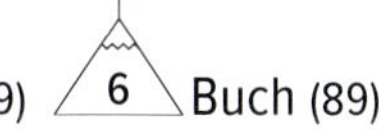

**Ranking** 88 Tirol (277) 6 Bezirk (39) 6 Buch (89)

**Koordinaten** WGS 84: 47.204319, 11.750870

**Karten** BEV: BMN 119 Schwaz und 149 Lanersbach bzw. UTM 2224 Schwaz; Kompass: 290 Innsbruck und Umgebung; Alpenverein: 33 Tuxer Alpen

**Summits in der Nähe**

63 Hippach – Rastkogel
64 Schwendau – Grindlspitze
61 Fügenberg – Rosskopf
65 Zellberg – Marchkopf

★ Doppelsummit mit 63 Hippach

**WS • 1500 Höhenmeter • 10 km • 4 ½ Stunden im Anstieg**

**Charakteristik:** Lange, Ausdauer erfordernde und teils einsame Skitour auf den Paradegipfel der Tuxer Alpen, auf dem man auch nach niederschlagsfreier Zeit unverspurten Pulverschnee finden kann.
**Ausrüstung:** Skitourenausrüstung
**Ausgangspunkt:** Gasthof Innerst (ab Weerberg gibt es an Wochenenden einen Shuttledienst, siehe Homepage der Gemeinde Weerberg)

Am Ende des Parkplatzes Innerst führt eine Zufahrtstraße links zum letzten Haus. Von dort leitet die Skitourenroute über einen Wiesenhang bis zu einem Forstweg. Diesem folgt man ins Nurpenstal erst zur unteren, dann zur oberen Nurpensalm. Von hier zweigt oftmals eine Spur zum Rosskopf weg, die links liegen gelassen wird. Weiter geht's taleinwärts bis zur Haglhütte, von der aus es verschiedene Varianten für den Aufstieg gibt. Entweder weiter taleinwärts oder, wie im GPS-Track, links haltend und einen steileren Hang querend, bis man einen flachen Boden erreicht. Von hier unterhalb des Dreispitzkopfes über kupiertes Gelände Richtung Süden, immer auf den Westgrat zu, der über einen weiteren steileren Hang erreichbar ist. Am Grat hält man sich links, bis man am flachen Gipfelaufbau angekommen ist.
Die Abfahrt folgt in etwa der Aufstiegsroute.

1283
Leachaste
Innerst
(1283)
tart
Nurpensbach
2419
Spitzlahn
Stallenalm
(1617)
Lamarkalm
Hochleger
(1986)
Unterer Brand
Metzen
2355
Unt. Nurpensalm
Lama
Unt. Nurpensalm
Hochleger
Alplköpfl
2141
Pfaffenbichl
2431
Alpl
Roßlaufspitze
2248
Weerbach
Ob. Nurpensalm
Kl. Gilfert
2380
Obere Nurpensalm
2373
Pfundsjoch
2350
Hoher Kopf
Weidener Hütte
(Nafinghütte)
(1800)
Rosskopf
2575
Nafingköpfl
2454
Nafingbach
Haglhütte
(2106)
Breitenkopf
Nafingalm
Dreispitzkopf
2604
0
500
1000 m
Rastkogel
2761
Halsspitze
2574
2520
Nurpensjoch

## 63 Hippach Rastkogel 2 761 m

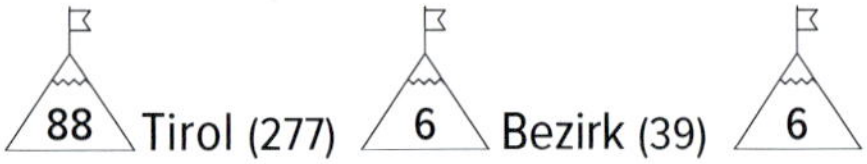

**Ranking** 88 Tirol (277) 6 Bezirk (39)  6 Buch (89)

**Koordinaten** WGS 84: 47.204320, 11.750879

**Karten** BEV: BMN 149 Lanersbach bzw. UTM 2224 Schwaz und ev. 2230 Mayrhofen; Kompass: 290 Innsbruck und Umgebung; Alpenverein: 33 Tuxer Alpen

**Summits in der Nähe**

- 62 Weerberg – Rastkogel
- 64 Schwendau – Grindlspitze
- 61 Fügenberg – Rosskopf
- 65 Zellberg – Marchkopf

★ Doppelsummit mit 62 Weerberg

**T1 • 950 Höhenmeter • 16 km • 6 Stunden**

**Charakteristik:** Einfache Höhenwanderung, die mit etwas mehr Aufwand zu einer Vierfach-Summit-Tour erweitert werden kann (Siehe Seite 222).

**Ausrüstung:** Wanderausrüstung

**Ausgangspunkt:** Bushaltestelle Schwendberg (Linie 8340), Abzweigung Rastkogelhütte an der Zillertaler Höhenstraße; hier auch Parkmöglichkeiten

Von der Bushaltestelle gleich nach der Mautstelle den breiten Fahrweg bergauf, nach wenigen Metern am kleinen Parkplatz rechterhand vorbei und in der ersten Serpentine des Fahrweges geradeaus auf den Almwanderweg zur Rastkogelhütte. Bis dorthin dauert es eine gute Dreiviertelstunde.

Von der Rastkogelhütte dann flach zum Sidanjoch und den Wegweisern folgend Richtung Rosskopf und Rastkogel. An der Abzweigung zum Rosskopf links halten. Summitsammler werden die extra 350 Höhenmeter (eine gute Std. hin und retour) auf den Rosskopf, Summit von Fügenberg **61** noch mitnehmen. Ansonsten oder danach auf dem hier verlaufenden Zentralalpenweg 02a von der Ostseite zum Rastkogelgipfelaufbau und gegen Schluss etwas steiler auf den Gipfel. Der Rastkogel ist sowohl für Hippach als auch für Weerberg **62** der höchste Punkt im Gemeindegebiet.

**Variante:** Bis zur Rastkogelhütte kann auch auf der ausgewiesenen MTB-Strecke 420 „Rundtour Rastkogelhütte" zugefahren werden.

## Schwendau Grindlspitze 2 633 m 64

**Ranking** 117 Tirol (277) 9 Bezirk (39) 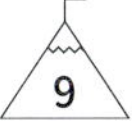 9 Buch (89)

**Koordinaten** WGS 84: 47.198296, 11.764024

**Karten** BEV: BMN 149 Lanersbach und 150 Mayrhofen bzw. UTM 2230 Mayrhofen; Kompass: 290 Innsbruck und Umgebung; Alpenverein: 33 Tuxer Alpen

**Summits in der Nähe**

- 62 Weerberg – Rastkogel
- 63 Hippach – Rastkogel
- 61 Fügenberg – Rosskopf
- 65 Zellberg – Marchkopf

**T1 • 900 Höhenmeter • 16 km • 6–7 Stunden**
**Charakteristik:** Schöne Kammwanderung mit herrlichen Ausblicken
**Ausrüstung:** Wanderausrüstung, GPS-Gerät
**Ausgangspunkt:** Vom Bahnhof Mayrhofen 750 Meter Richtung Süden zur Talstation der Penkenbahn (Bushaltestelle). Parkplatz südlich der Talstation Penkenbahn im Zentrum von Mayrhofen; Auffahrt mit einer der ersten Gondeln der Penkenbahn 3S und der Penken-Kombibahn bis zur Bergstation (2 006 m).

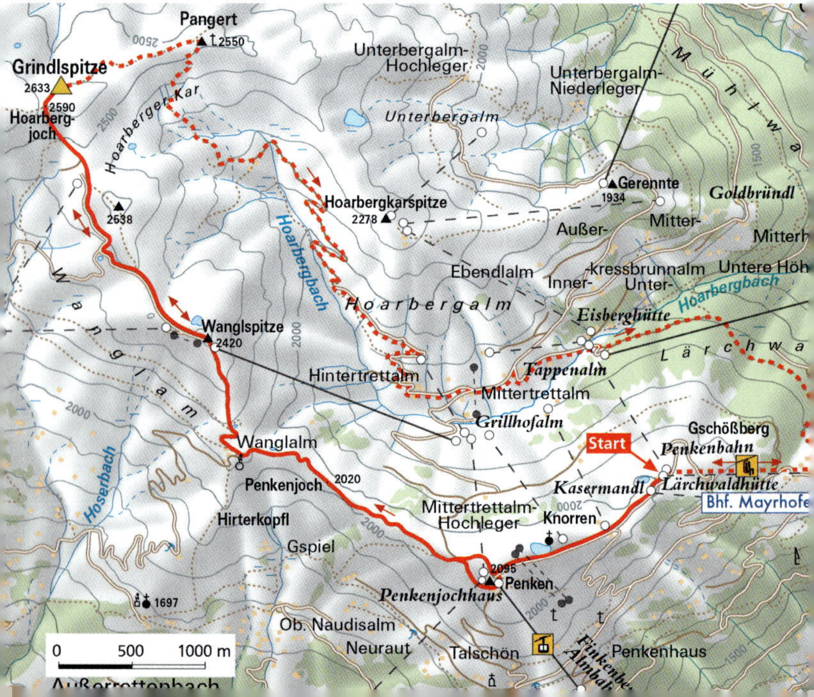

Von der Bergstation auf dem breiten Rücken auf den Penken und zum Penkenjochhaus. Kurz leicht bergab und immer auf dem Rücken in nordwestlicher Richtung auf dem Weg 57 bleiben. Über die Wanglspitze zum Hoarbergjoch

und von diesem nach rechts. Relativ rasch den markierten Wanderweg Richtung Pangert schräg rechts verlassen und weglos mithilfe des GPS-Geräts auf die runde und flache Kuppe der mit kleinen Steinmanderln markierten Grindlspitze, dem höchsten Punkt im Gemeindegebiet von Schwendau. Retour auf dem gleichen Weg.

**Variante Rundtour:** Dazu von der Grindlspitze weiter auf den Pangert, nach Süden steiler bergab zur Hoarbergalm und nach dieser auf dem Almfahrweg etwas langatmig zur Hinter- und Mittertrettalm. Zu guter Letzt durch den Lärchwald (Weg 24) zur Bergstation der Penkenbahn 3S. Die Rundtour verlängert die Wanderung um rund drei Kilometer, gute 100 Höhenmeter und eine Stunde.

## Öffi-Rundtour

### zu den Summits von Fügenberg, Weerberg, Hippach und Schwendau 61, 62, 63, 64

**T3 • 1150 Höhenmeter bergauf, 1300 Höhenmeter bergab • 18 km • 7–8 Stunden**

Ausgehend von der Bushaltestelle Schwendberg/Abzweigung Rastkogelhütte auf dem Fahrweg und ab der ersten Serpentine auf dem Almwanderweg zur Rastkogelhütte. Weiter zum Sidanjoch und an der folgenden Weggabelung auf den Rosskopf (61, Summit von Fügenberg). Von hier weglos, aber auf teilweise erkennbaren Steigspuren immer auf dem zum Teil felsdurchsetzten Rücken, manchmal links, manchmal rechts des Grates, auf den Breitenkopf. Vor dem Dreispitzkopf ist dann Schluss mit der Gratwanderung und man steigt nach rechts (westwärts) ab und umgeht die wilden Zacken des Dreispitzkopfes in einem Halbkreis. Südlich vom Dreispitzkopf nun wieder zurück auf den Grat und weglos über unschwieriges Blockwerk auf den Gipfel des Rastkogels (62, 63, Doppelsummit von Weerberg und Hippach). Vom Gipfel kurz steil, aber auf gutem Weg nach Süden ins Hoarbergjoch und aus diesem Richtung Osten die letzten paar Meter weglos auf die flache Kuppe des Summits von Schwendau, die Grindlspitze 64. Der Rückweg verläuft in recht direkter Linie, im oberen Teil weglos, nach Norden. Wer diesen Abstieg wählt, sollte aber entweder mit dem Gelände vertraut sein, sich im Gelände und an der Karte gut orientieren können oder dem GPS-Track folgen. Ansonsten wird der Rückweg zum

Rastkogel und Abstieg über den markierten Wanderweg knapp unterhalb des Gipfels des Rastkogels und zur Rastkogelhütte die bessere Wahl sein. Für die weglose Variante geht es von der Grindlspitze nach Norden, man kreuzt den Wanderweg zum Pangert und steigt dann, das Gelände bestmöglich ausnutzend, zwischen den Felsen über steile Wiesen und loses Gestein an den östlichen Oberlauf des Sidanbaches ab. An diesem entlang bis zur oberen Sidanalm auf 1 980 Meter und dann auf dem Fahrweg zur Bushaltestelle Schwendberg/Sportalm. Mit dem Bus ins Tal.

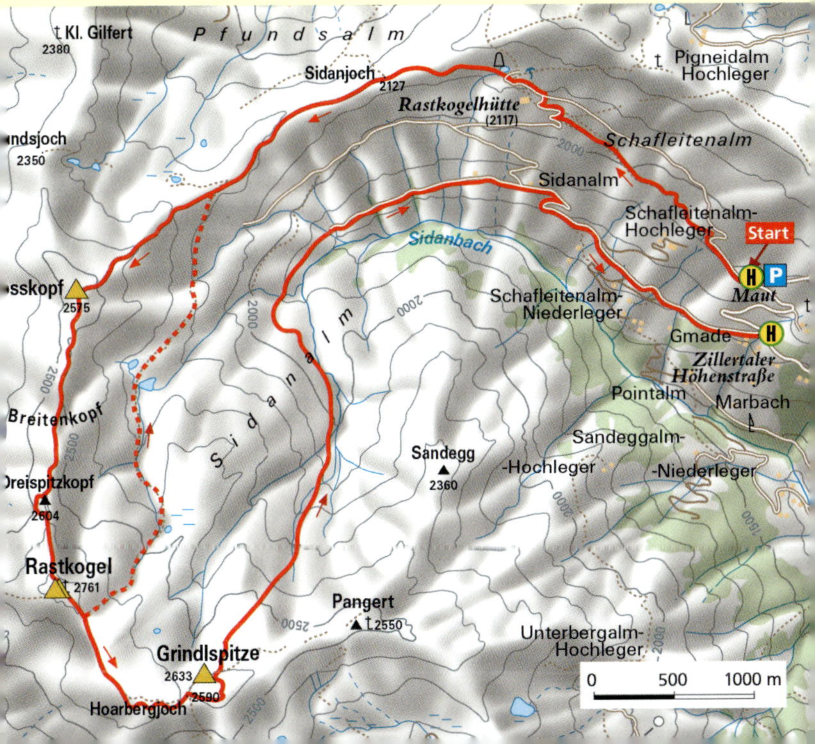

## 65 Zellberg östlich des Marchkopfes 2 495 m

**Ranking** 140 Tirol (277) 13 Bezirk (39) 15 Buch (89)

**Koordinaten** WGS 84: 47.251172, 11.806233

**Karten** BEV: BMN 119 Schwaz, 149 Lanersbach und 150 Mayrhofen bzw. UTM 2224 Schwaz; Kompass: 290 Innsbruck und Umgebung; Alpenverein: 33 Tuxer Alpen

**Summits in der Nähe**

66 Ried im Zillertal – nördlich des Marchkopfes
68 Kaltenbach – Wimbachkopf
67 Aschau – Wimbachkopf
60 Pill – Hühnerkopf

★ Der Summit von Ried im Zillertal 66 liegt 350 Meter und 15 Minuten nördlich des Marchkopfes auf dem Nordostrücken Richtung Wedelhütte.

**T2 • 700 Höhenmeter • 8 km • 4 Stunden**

**Charakteristik:** Einfache Rundtour mit hoch gelegenem Startpunkt.

**Ausrüstung:** Wanderausrüstung, GPS

**Ausgangspunkt:** Hirschbichlalm (1822 m) an der Zillertaler Höhenstraße

Von der Hirschbichlalm (Hirschbichlaste) kurz taleinwärts und leicht bergauf entlang der Zillertaler Höhenstraße zur Krössbrunnalm. Gleich hinter den Almhütten geht es nach rechts auf den Almfahrweg und nach 500 Metern links auf den Wanderweg. Auf diesem (bei der nächsten Weggabelung wieder rechts halten) über weitläufiges Almgelände in den Sattel zwischen Seekopf und Marchkopf und aus diesem in gut 50 Höhenmetern auf den felsigen Gipfel des Marchkopfes. Der höchste Punkt im Gemeindegebiet von Zellberg liegt knapp unterhalb des Gipfelkreuzes bei dem mannshohen, mit einer Wegmarkierung versehenen Felsblock. Der Gipfel des Marchkopfes beziehungsweise das Gipfelkreuz selbst gehören zu Fügenberg.

Der Abstieg führt vom Summit auf dem markierten Wanderweg steil nach Norden Richtung Wedelhütte. Auf dem Weg dorthin befindet sich rechter Hand, leicht abseits des Weges, unmarkiert und unscheinbar, auf dem flachen Nordostrücken Richtung Wedelhütte der Summit von Ried im Zillertal **66**. So wird die Tour zu einer Zwei-Summit-Tour. Hinter der Wedelhütte führt der markierte Steig rechts durch den Talkessel der Krössbrunnalmen zurück zum Ausgangspunkt an der Zillertaler Höhenstraße.

## Ried im Zillertal
## nordwestlich des Marchkopfes 2 423 m **66**

**Ranking** 152 Tirol (277)  18 Bezirk (39) 23 Buch (89)

**Koordinaten** WGS 84: 47.254119, 11.807687

**Karten** BEV: BMN 119 Schwaz und 120 Wörgl bzw. UTM 2224 Schwaz; Kompass: 290 Innsbruck und Umgebung; Alpenverein: 33 Tuxer Alpen

**Summits in der Nähe**

- **65** Zellberg – Marchkopf
- **68** Kaltenbach – Wimbachkopf
- **67** Aschau – Wimbachkopf
- **60** Pill – Hühnerkopf

**Radstrecke: 1900 Höhenmeter • 32 km • 2 ½ Stunden (eine Richtung)**

**Wanderstrecke: T2 • 110 Höhenmeter • 1 km • ½ Stunde**

**Charakteristik:** Mittelschwierige, aber lange Mountainbiketour mit kurzer Wanderung.

**Ausrüstung:** Mountainbike, Wanderausrüstung, GPS-Gerät

**Ausgangspunkt:** Bahnhof Ried im Zillertal

Die Route startet beim Bahnhof Ried im Zillertal und führt von dort entlang der Dorfstraße auf der markierten MTB-Route 401 „Zillertaler Höhenstraße“ über den Riedberg der Straße entlang bis zur Einmündung in die Fahrstraße an der Mautstelle Kaltenbach. An dieser vorbei zur Neuhüttensiedlung und zum linker Hand gelegenen Speicherteich. Hier nun rechts auf die Schotterfahrbahn Richtung Wedelhütte und die MTB-Route 471. Ende der Radstrecke beim Radparkplatz und der E-Bike-Ladestation direkt bei der Wedelhütte auf 2350 Meter Seehöhe. Weiter zu Fuß auf dem Weg 35 Richtung Marchkopf und nach dem ersten steileren Anstieg nach links einige Meter vom markierten Weg auf den Nordostrücken, der Richtung Wedelhütte weist. Mit dem GPS zum unmarkierten höchsten Punkt im Gemeindegebiet von Ried im Zillertal.

Um noch einen Summit „mitzunehmen“, schlängelt sich der Weg auf den Marchkopf mal links, mal rechts des Grates dahin. Knapp unterhalb des zum Schluss hin steiler werdenden Gipfelanstiegs erreicht man den höchsten Punkt im Gemeindegebiet von Zellberg **65** (Foto Seite 226). Von dort in wenigen Höhenmetern auf den Gipfel des Marchkopfes, der in Fügenberg liegt. Zurück auf demselben Weg.

Für eine ausgesprochen lukrative Vier-Summits-Tour kann von der Wedelhütte auf der anderen Seite der Hütte in wenigen Minuten der Wimbachkopf (Doppelsummit von **67** Aschau und **68** Kaltenbach) mitgenommen werden (siehe Seite 230 ff.). Der Weg dorthin ist auf Teilstrecken mit einem Stahlseil gesichert.

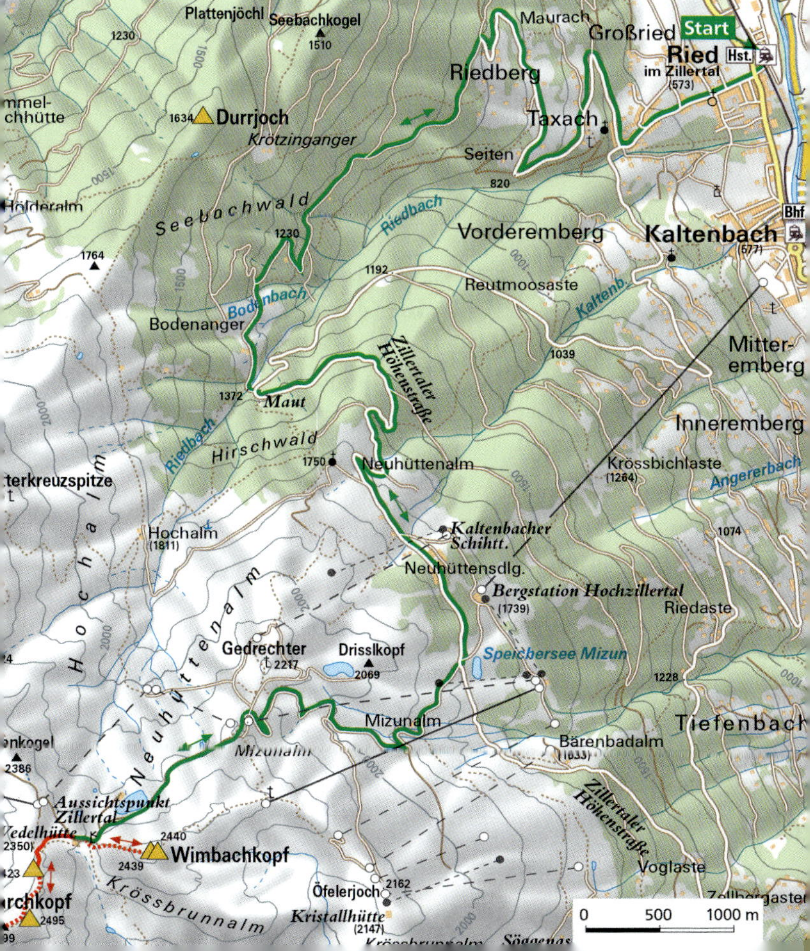

## 67 Aschau im Zillertal
## östlich des Wimbachkopfes 2 439 m

**Ranking** 149 Tirol (277) 17 Bezirk (39) 20 Buch (89)

**Koordinaten** WGS 84: 47.255021, 11.817242

**Karten** BEV: BMN 119 Schwaz und 120 Wörgl bzw. UTM 2224 Schwaz; Kompass: 290 Innsbruck und Umgebung; Alpenverein: 33 Tuxer Alpen

**Summits in der Nähe**

68 Kaltenbach – Wimbachkopf
66 Ried im Zillertal – nördlich des Marchkopfes
65 Zellberg – Marchkopf
69 Uderns – Durrjoch

 Doppelsummit mit 68 Kaltenbach

**Radstrecke: 530 Höhenmeter • 9 km • 1 ½ Stunden • Wanderstrecke: T1 • 130 Höhenmeter • 1 km • ½ Stunde**

**Charakteristik:** Einfache MTB-Tour mit hohem Startpunkt und anschließender kurzer Gipfelwanderung

**Ausrüstung:** Mountainbike, Wanderausrüstung, GPS-Gerät

**Ausgangspunkt:** Parkplatz beim Speicherteich an der Zillertaler Höhenstraße, Abzweigung Mizunalm/Wedelhütte

Vom Parkplatz beim Speicherteich bergwärts zur Abzweigung Mizunalm und dem obersten Teilstück der ausgewiesenen MTB-Strecke 471 „Fügen, Kaltenbach – Wedelhütte,

Kristallhütte" folgen. Auf der angenehm angelegten Schotter- und Erdstraße an der Mizunalm vorbei, mitten durch das Skigebiet von Hochfügen/Hochzillertal zur Wedelhütte mit Radparkplatz und E-Bike-Ladestation. Für den Summit-Anstieg zu Fuß ein paar Schritte und Höhenmeter zurück zur Abzweigung auf den Wimbachkopf. Nun auf dessen zum Teil stahlseilversichertem Westgrat in 20 Minuten auf den Gipfel. Mit GPS zur Feinbestimmung des höchsten Punktes im Gemeindegebiet von Aschau im Zillertal. Dieser liegt 15 Meter östlich des Gipfelkreuzes in einer kleinen Senke.

Der höchste Punkt – laut Laserscandaten – im Gemeindegebiet von Kaltenbach **68** liegt zehn Meter nordnordöstlich des Gipfelkreuzes und macht den Wimbachkopf zu einem einfach zu erreichenden Doppelsummit. Das Gipfelkreuz selbst steht in Zellberg. Rückweg wie Hinweg.

## Kaltenbach
## nordöstlich des Wimbachkopfes 2 440 m **68**

**Ranking** 148 Tirol (277) 16 Bezirk (39) 19 Buch (89)

**Koordinaten** WGS 84: 47.255044, 11.817147

**Karten** BEV: BMN 119 Schwaz und 120 Wörgl bzw. UTM 2224 Schwaz; Kompass: 290 Innsbruck und Umgebung; Alpenverein: 33 Tuxer Alpen

**Summits in der Nähe**


67 Aschau im Zillertal – Wimbachkopf

66 Ried im Zillertal – nördlich des Marchkopfes

65 Zellberg – Marchkopf

69 Uderns – Durrjoch


★ Doppelsummit mit Aschau im Zillertal 67

**T2 • 830 Höhenmeter • 11 km • 4–5 Stunden**
**Charakteristik:** Öffi-Anreise mit dem Zillertaler Höhenstraßenwanderbus und einfache, familientaugliche Rundtour mit einigen Einkehrmöglichkeiten.
**Ausrüstung:** Wanderausrüstung, GPS-Gerät
**Ausgangspunkt:** Kaltenbacher Skihütte an der Zillertaler Höhenstraße

Diese einfache Rundtour beginnt mit einer Fahrt mit dem Wanderbus auf der Zillertaler Höhenstraße. Vom Ausgangspunkt Kaltenbacher Skihütte geht es auf dem gut ausgebauten Wanderweg 34 auf den Gedrechter. Auf dessem Südrücken etwas steiler bergab zum Almfahrweg Richtung Wedelhütte. Wenige Meter vor der Hütte links ab und in 15 Minuten auf den Gipfel des Wimbachkopfes. Der Gipfelanstieg ist stellenweise mit einem Stahlseil gesichert. Für das genaue Auffinden des Summits von Kaltenbach ist ein GPS-Gerät erforderlich. Der höchste

Punkt im Gemeindegebiet liegt zehn Meter nordnordöstlich des Gipfelkreuzes. In Verbindung mit dem Summit von Aschau **67** 15 Meter östlich des Gipfelkreuzes wird diese Tour eine gute Einsteigertour zum Summit-Sammeln. Zurück geht's über denselben Weg bis zur Abzweigung zum Gedrechter. Von dort auf dem Fahrweg bis zum Ausgangspunkt.

**Abstiegsvariante:** Für eine Rundtour vom Wimbachkopf auf dessen Ostgrat zunächst etwas exponierter zur Bergstation des Wimbachexpresses, dort nach Süden bis kurz vor die Kristallhütte und auf dem Fahrweg an der Mizunalm vorbei zur Zillertaler Höhenstraße (½ Stunde länger). Abfahrt mit dem Wanderbus von der Platzlalm oder dem Zirmstadl möglich.

# 69 Uderns Durrjoch 1634 m

**Ranking** 240 Tirol (277) 32 Bezirk (39) 68 Buch (89)

**Koordinaten** WGS 84: 47.301050, 11.823252

**Karten** BEV: BMN 119 Schwaz und 120 Wörgl bzw. UTM 2224 Schwaz; Kompass: 290 Innsbruck und Umgebung; Alpenverein: 33 Tuxer Alpen

**Summits in der Nähe**

**70** Schwaz – Kreuzjoch
**77** Stumm – Dristelaste
**72** Fügen – Leitnerbachgraben

★ Ein Holzpflock im Unterholz auf dem flachen Waldgipfel markiert sehr unscheinbar den höchsten Punkt von Uderns.

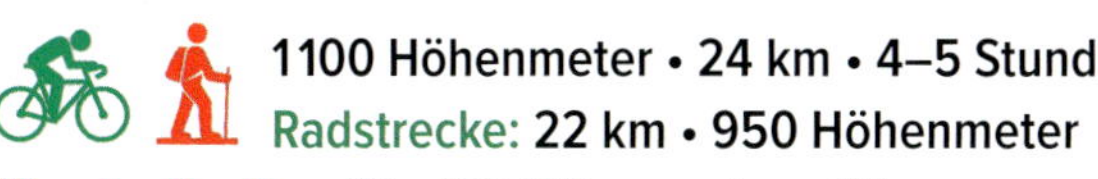

**1100 Höhenmeter • 24 km • 4–5 Stunden**
**Radstrecke: 22 km • 950 Höhenmeter**
**Wanderstrecke: T1 • 150 Höhenmeter • 2 km**
**Charakteristik:** Mittelschwierige MTB-Tour mit leichter, einsamer Waldwanderung.
**Ausrüstung:** Mountainbike, Wanderausrüstung, GPS-Gerät
**Ausgangspunkt:** Bahnhof Uderns

Vom Bahnhof Uderns auf dem Zillertalradweg (Nr. 13) entlang des Flusses aufwärts bis Ried im Zillertal. Am Ortsbeginn von Ried nach den ersten Häusern rechts in den Uferweg und zum Bahnhof Ried. Auf die andere Seite der Gleise und auf den markierten MTB-Strecken 401/471 Richtung Riedberg. Es geht im Wald bergauf, bis kurz vor der Bodenangeralm (Ende des Waldes, Graben und Viehsperre) rechts ein Fahrweg von der ausgewiesenen

MTB-Strecke abzweigt. Diesem gut zwei Kilometer bis zur Fahrverbotstafel folgen – Radabstellplatz. Auf der Straße zu Fuß noch 100 Meter leicht bergab bis zur Abzweigung nach links Richtung Hochalm/Albl. Auf diesem Waldwegerl dann schön bis zu den beiden Moorlacken bergauf. Danach rechts (Norden) auf dem flachen und urwaldartig überwachsenen Rücken, wo man sich an den unregelmäßig markierten Baumstämmen orientiert, und zum Schluss mithilfe des GPS-Geräts auf den mitten im Wald liegenden höchsten Punkt im Gemeindegebiet von Uderns. Am Summit steckt ein kleines Holzsteckerl, dass kaum aus den Heidelbeerstauden herausschaut. Zurück auf demselben Weg.

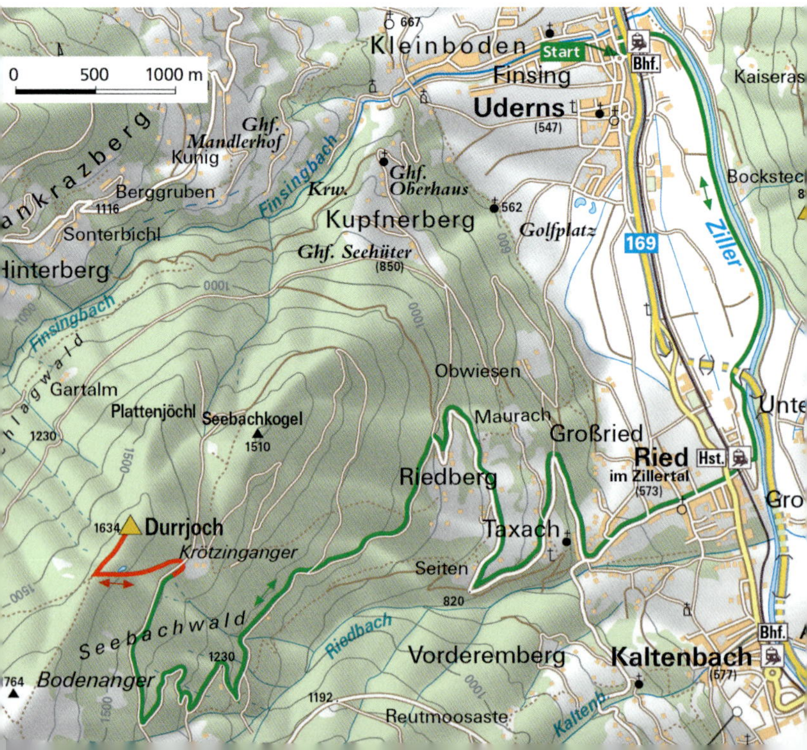

## Fünf auf einen Streich

### Ausgedehnte und tagesfüllende Bike-and-Hike-Tour im Bereich der Zillertaler Höhenstraße

**2450 Höhenmeter • 39 km**
Radstrecke: **2000 Höhenmeter • 34 km**
Wanderstrecke: **450 Höhenmeter • 5 km**
**Charakteristik:** Attraktive und bei guter Kondition in einem Tag machbare Verknüpfung der fünf Summits 65, 66, 67, 68 und 69 (Zellberg, Ried, Aschau, Kaltenbach und Uderns)
**Ausgangspunkt:** Bahnhof Ried im Zillertal

Vom Bahnhof auf den markierten MTB-Strecken 401 und 471 über Riedberg bis kurz vor die Bodenangeralm. Davor rechts in den Wald und noch zwei Kilometer bis zur Fahrverbotstafel fahren. Nun der Forststraße zu Fuß noch gute 100 Meter leicht bergab folgen, dann links ab in den Wald, nach den beiden Moorlacken rechts auf den flachen, urwaldartig bewachsenen Geländerücken und mit GPS auf den mit Heidelbeerstauden bedeckten höchsten Punkt von Uderns 69, das Durrjoch. Auf dem gleichen Weg zurück zum Bike. Mit diesem retour zur Abzweigung, dann rechts wieder auf den markierten MTB-Routen 401/471 über das Viehgatter zur Zillertaler Höhenstraße und zur Mautstelle Kaltenbach. Auf der Mautstraße zum Speicherteich nach der Platzalm und rechts auf den Almwirtschaftsweg abzweigen, der in etwa 500 Höhenmetern zur Wedelhütte führt. An der Wedelhütte wird das MTB abgestellt, es gibt auch eine E-Bike-Ladestation.

Gatanger
1230
Seebachkogel
1510
Maurach
Großried
Start
Ried
Hst.
im Zillertal
(573)
Untermärz
Großmärz
Riedberg
Taxach
Himmel-
reichhütte
1634
Durrjoch
Krötzinganger
Seiten
820
600
Antoniuskapelle
Hölderalm
Seebachwald
Riedbach
Vorderemberg
Kaltenbach
(577)
Bhf.
Acham
Stum
(556)
Badew
Stumm
1764
1230
1192
Reutmoosaste
Kaltenb.
Schlagalm
Bodenbach
Bodenanger
Zillertaler
Höhenstraße
1039
Mitter-
emberg
Ziller
Ahrnbac
(563)
1372
Maut
Innneremberg
Riedbach
Hirschwald
2235
Wetterkreuzspitze
2256
1750
Neuhüttenalm
Krössbichlaste
(1264)
Angererbach
Kaltenbacher
Schihtt.
Hochalm
(1811)
Neuhüttensdlg.
1074
Bergstation Hochzillertal
(1739)
Riedaste
Asc
im Zi
(570
Hochalm
Neuhüttenalm
Gedrechter
2217
Drisslkopf
2069
Speichersee Mizun
2224
1228
Mühlfeld
Mizunalm
Hüttenkogel
2386
Mizunalm
Bärenbadalm
(1633)
Tiefenbach
Tiefenbach
Mitterdor
Aussichtspunkt
Zillertal
Wedelhütte
(2350)
2440
Wimbachkopf
2439
2423
Zillertaler
Höhenstraße
Voglaste
1059
Erla
Marchkopf
2495
2499
Krössbrunnalm
Öfelerjoch
2162
Kristallhütte
(2147)
Zellbergasten
Krössbrunnalm
Söggenaste
1783
Plötzeben
1471
0
500
1000

Nun zuerst südwestlich Richtung Marchkopf und auf den Summit **66** von Ried im Zillertal. Dazu auf dem ersten Geländerücken, der schräg Richtung Wedelhütte leitet, ein paar Meter vom markierten Weg abzweigen und mit GPS zu dem unmarkierten höchsten Punkt im Gemeindegebiet von Ried. Zurück auf dem Wanderweg weiter, gegen Schluss am unschwierigen Grat steiler werdend Richtung Gipfel des Marchkopfs. Knapp unterhalb des Gipfelkreuzes liegt linker Hand bei dem mannshohen, mit einer Wegmarkierung geschmückten Felsblock der höchste Punkt im Gemeindegebiet von Zellberg **65** (GPS hilfreich). Das Gipfelkreuz selbst steht in Fügenberg. Zurück auf dem gleichen Weg zur Wedelhütte, wo sich eine mittlerweile wohlverdiente Pause anbietet. Danach Richtung Osten leicht bergab in die Senke und rechts in rund 15 Minuten Richtung Wimbachkopf und zu den Summits von Aschau **67** und Kaltenbach **68**. Jener von Aschau liegt 15 Meter östlich und jener von Kaltenbach zehn Meter nordnordöstlich des Gipfelkreuzes. Das Kreuz des Wimbachkopfgipfels steht in Zellberg. Auf dem seilversicherten Grat wieder zur Wedelhütte, mit dem Rad zurück auf die Zillertaler Höhenstraße im Bereich des Speicherteiches rechts die Mautstraße hinunter bis zum Bahnhof in Aschau.

# 70 Schwaz Kellerjoch 2 344 m

| | |
|---|---|
| **Ranking** | 168 Tirol (277) · 22 Bezirk (39) · 30 Buch (89) |
| **Koordinaten** | WGS 84: 47.319121, 11.770495 |
| **Karten** | BEV: BMN 119 Schwaz bzw. UTM 2224 Schwaz; Kompass: 290 Innsbruck und Umgebung; Alpenverein: 33 Tuxer Alpen |

**Summits in der Nähe**

- 71 Gallzein – Gratzenkopf
- 69 Uderns – Durrjoch
- 72 Fügen – Leitnerbachgraben

**T3 • 1 000 Höhenmeter • 11 km • 5 Stunden**

**Charakteristik:** Obwohl der Anstieg bis zum Hecherhaus teils im Skigebiet verläuft, mindert das die Schönheit der Tour keineswegs, denn der Gipfel mit der kleinen Kapelle bietet atemberaubende Tiefblicke ins Inntal. An schönen Wochenenden ist jedoch der Andrang durch den Liftbetrieb groß. Außerhalb der Betriebszeiten ist der Erholungsfaktor deutlich höher. Am schönsten ist der Gipfel bei Sonnenuntergang, denn vom Inntal aus scheint es, als wäre das Kellerjoch der Punkt, an dem die Sonne am längsten scheint. Ab der Kellerjochhütte (Übernachtungsmöglichkeit) sind Schwindelfreiheit und Trittsicherheit gefragt.

**Ausrüstung:** Wanderausrüstung

**Ausgangspunkt:** Parkplatz nördlich der Kellerjochbahn, der gerade noch auf dem Gemeindegebiet von Schwaz liegt. Wer mit den Öffis anreist, fährt bis zur Bushaltestelle Pillberg/Hotel Frieden (Linie 8), diese liegt allerdings außerhalb des Gemeindegebietes.

Vom Parkplatz geht es gleich auf einem Forstweg rechts in den Wald. Dort, wo der Lift den Weg überspannt, zweigt links ein Steig ab. Dieser kreuzt mehrmals die Piste, führt aber stetig links der Bahn bis zum Hecherhaus. Hier entweder steil hinauf über den Arbeserkogel oder gemütlicher rechts daran vorbei. Die beiden Wege treffen sich bald wieder und es zeigt sich kurz darauf die wunderschön gelegene Kellerjochhütte. Dahinter wird der Weg felsiger und Trittsicherheit und Schwindelfreiheit sind gefragt. Teilweise helfen Seilversicherungen über ausgesetzte Stellen, bevor man den aussichtsreichen Gipfel mit der kleinen Kapelle erreicht.

Rückweg wie Aufstieg. Für den vollen Genuss des Sonnenuntergangs bietet die gemütliche Kellerjochhütte Übernachtungsmöglichkeiten und eine Sonnenterrasse. Alternativ nach der Kellerjochhütte nach links abbiegen und über den Naunzalm-Hochleger zum Naunzalm-Niederleger wieder Richtung Ausgangspunkt.

## Gallzein Gratzenkopf 2 087 m 71

**Ranking** 204 Tirol (277) 28 Bezirk (39) 48 Buch (89)

**Koordinaten** WGS 84: 47.330520, 11.770188

**Karten** BEV: BMN 119 Schwaz bzw. UTM 2224 Schwaz; Kompass: 290 Innsbruck und Umgebung; Alpenverein: 33 Tuxer Alpen

**Summits in der Nähe**

70 Schwaz – Kellerjoch
74 Buch in Tirol – Durrajoch
73 Schlitters – Durrajoch
72 Fügen – Leitnerbachgraben

**WS • 1300 Höhenmeter • 6,5 km • 4 Stunden**
**Charakteristik:** Abwechslungsreiche, teils durch längere Waldpassagen führende, einsame Skitour mit steilen, bei sicheren Schneeverhältnissen herrlichen nordseitigen Abfahrtshängen.
**Ausrüstung:** Skitourenausrüstung
**Ausgangspunkt:** Gemeindezentrum von Gallzein in Hof

Vom Gemeindezentrum in Hof Richtung Süden über freie Wiesen und durch zwei kurze Waldpassagen zur Rodelbahn Koglmoos. Dieser bis zum Kogelmoos folgen und hier links auf den Hohlweg Richtung Schwaderalm abzweigen. In der markanten Linkskehre auf 1500 Meter Seehöhe nun Richtung Südosten den Forstweg Richtung Schwaderalm verlassen. Von der Schwaderalm nun in offenem Gelände – den Gratzenkopf bereits im Blickfeld – links haltend in die steile Rinne nordöstlich des Gratzenkopfes. Zuletzt auf dem steilen Nordostgrat zum markanten Gipfelkreuz. Abfahrt je nach Schnee- und Lawinensituation direkt vom Gipfel, sonst entlang der Aufstiegsspur.

# Fügen südwestlich vom Goglhof im Leitnerbachgraben 879 m 72

**Ranking** 264 Tirol (277) 37 Bezirk (39) 84 Buch (89)

**Koordinaten** WGS 84: 47.343057, 11.829689

**Karten** BEV: BMN 119 Schwaz und 120 Wörgl bzw. UTM 2224 Schwaz; Kompass: 290 Innsbruck und Umgebung; Alpenverein: 33 Tuxer Alpen

**Summits in der Nähe**


73 Schlitters – Durrajoch

74 Buch in Tirol – Durrajoch

75 Strass im Zillertal – Larchkopf

71 Gallzein – Gratzenkopf

**T2 • 460 Höhenmeter • 8 km • 45 Minuten • davon 60 Höhenmeter zu Fuß**

**Charakteristik:** Kurze, aber knackige MTB-Tour mit einem Abstecher zu Fuß zum schwer zu findenden Summit.
**Ausrüstung:** Wanderausrüstung, GPS
**Ausgangspunkt:** Bahnhof Fügen

Vom Bahnhof Fügen auf der Hauptstraße zunächst in den Ort, nach der Kirche links und über den Dorfplatz in den Rosenweg einbiegen. Den Schildern auf der Panoramastraße Richtung „Mittelstation" folgen. Nach links in den Kühsteinweg und beim Schranken, am Beginn der Rodelbahn zum Goglhof, zum Ende der Radstrecke. Zu Fuß auf der geschotterten Forststraße 150 Meter bis zur ersten, holzplankenbewehrten Serpentine. An dieser vorbei oder darüber hinweg in den Wald und circa 40 Höhenmeter, am besten direkt auf dem kaum ausgeprägten Rücken und stets diesseits des kleinen Leitnerbaches bleibend, in Falllinie bergab. Unterhalb eines großen, moosbewachsenen und von Fichten flankierten Felsblocks befindet sich, unmarkiert und ungeschmückt, der höchste Punkt im Gemeindegebiet von Fügen (für die Feinsuche ist ein GPS-Gerät notwendig). Rückweg wie Hinweg.

## Schlitters Durrajoch 1738 m 73

**Ranking** 231 Tirol (277) 31 Bezirk (39) 62 Buch (89)

**Koordinaten** WGS 84: 47.362803, 11.799019

**Karten** BEV: BMN 119 Schwaz bzw. UTM 2224 Schwaz;
Kompass: 290 Innsbruck und Umgebung;
Alpenverein: 33 Tuxer Alpen

**Summits in der Nähe**

74 Buch in Tirol – Durrajoch
75 Strass im Zillertal – Larchkopf
72 Fügen – Leitnerbachgraben
71 Gallzein – Gratzenkopf

★ Doppelsummit mit 74 Buch in Tirol

Burgeck
734
1005
Jenbach
(563)
Bad
Bhf.
Inn
Hst.
Rotholz
Achensee-
kraftwerk
Maurach
Ruine
Rotte
St. Margarethen
(543)
Rafaukapelle
Buch in Tirol
Untertroi
Ötzwald
Schlierb.
Schöllerberg
Obertroi
Hochgallzein
(906)
Ortnerkape
Durrajoch
Gattern
Hof
Niederleiten
801
Geistgraben
1738
Kröllenbichl
Trebachwald
Kogelmoos
Blutskopf
Lackenhütte
(1630)
Gerstkopf
1714
Öxlbach
Ruasen
Schwade-
Eisenstein
Samjoch
Mehrerkopf
1666
0
500
1000 m
Schwader Alm

Strass im Zillertal
(630)
Bhf.
köpfl
Bruck am Ziller
(580)
Maria Brettfall
Seehof
Watsch
Astholz
Einfanghof
169
Schlitterberg
Schrofen-marterl
Jhtt.
Imming
(550)
Start
Bhf.
Larchkopf
1375
Schlitters
1361
Brand
(548)
Marteller
169
Ziller
Baumannwies
Pöltner
Wierer
Gagering
Hst.
Rodaunalm
Ghf. Brandegg
Sonnkogel
1439
Fügenberg
Blaiken
Gugerhof
169
Wildauer Wald
Söllbachkapelle
Moos
Bichl
Goglhof
Marienberg Kirche
Dhf.
Stockachaste
Fügen
(545)
879
Annakapelle
Kunzeraste

**1220 Höhenmeter • 40,5 km • 7 Stunden gesamt, davon Radstrecke: 1100 Höhenmeter • 38 km • 6 Stunden • Wanderstrecke: T2 • 120 Höhenmeter • 2,5 km • 1 Stunde von der Lackenhütte zum Durrajoch und zurück.**

**Charakteristik:** Mittelschwierige MTB-Tour 414, etwas mühsame 60 Höhenmeter auf das Gipfelplateau des Durrajochs und notwendige GPS-Feinsuche zum Auffinden der beiden Summits.

**Ausrüstung:** Mountainbike, Wanderausrüstung, GPS

**Ausgangspunkt:** Bahnhof der Zillertalbahn in Schlitters

Vom Bahnhof unter der B 169 – Zillertalstraße hindurch auf den Radweg und entlang der ausgewiesenen MTB-Strecken 413 und 414 Richtung Süden. 250 Meter nach der nördlichen Ortseinfahrt nach Fügen rechts Richtung Fügenberg und Baumannwies. Auf der überwiegend im Wald verlaufenden geschotterten Forststraße geht es weiter Richtung Öxltal (Schranken). Durch das Tal führt die Strecke bis zur Kreuzung Kaunzalm/Lackenhütte, an dieser rechts zur Lackenhütte. Hier ist erst einmal Endstation für die Bike-Strecke. Nun zu Fuß auf der Forststraße 1,2 Kilometer bis zur Kurve um den Westrücken des Durrajochs und von dort mühsam und weglos auf dessen flachen Gipfelbereich. Mit dem GPS zu den beiden unmarkierten und unscheinbaren Summits von Schlitters und – 33 Meter weiter südwestlich – von Buch in Tirol **74**. Zurück zur Lackenhütte auf demselben Weg. Der anstrengende Teil ist geschafft, am Alpengasthof Koglmoos (Einkehrmöglichkeit) vorbei (MTB-Markierungen 414 bzw. 416) bis nach Gallzein und – nun wieder auf Asphalt – durch Buch, Maurach, Rotholz und Strass bis zum Ausgangspunkt am Bahnhof in Schlitters.

## Buch in Tirol Durrajoch 1740 m 74

**Ranking** 230 Tirol (277) 30 Bezirk (39) 61 Buch (89)

**Koordinaten** WGS 84: 47.362637, 11.798696

**Karten** BEV: BMN 119 Schwaz bzw. UTM 2224 Schwaz;
Kompass: 290 Innsbruck und Umgebung;
Alpenverein: 33 Tuxer Alpen

**Summits in der Nähe**

73 Schlitters – Durrajoch
75 Strass im Zillertal – Larchkopf
72 Fügen – Leitnerbachgraben
71 Gallzein – Gratzenkopf

★ Doppelsummit mit 73 Schlitters

**T1 • 750 Höhenmeter • 10,5 km • 4 ½ Stunden**
**Charakteristik:** leichte Streckentour mit herausfordernder Feinsuche
**Ausrüstung:** Wanderausrüstung, GPS
**Ausgangspunkt:** Obertroi, wenige Parkmöglichkeiten auf 1001 Meter Seehöhe

Von Obertroi auf der geschotterten Forststraße und in weiterer Folge auf dem steiler werdenden Wanderweg bis zur Lackenhütte (Jagdhütte). Nun nach Norden wieder auf der Forststraße Richtung Ortnerkapelle. Einen guten Kilometer nach der Jagdhütte – die Forststraße biegt recht markant um den Westrücken des Durrajochs – nun weglos durch Krummholz, Almrausch-, Preiselbeer- und Heidelbeersträucher etwas mühsam 60 Höhenmeter auf die flache Gipfelebene des Durrajochs. Mit GPS auf den Summit von Buch. 33 Meter weiter nordöstlich liegt jener von Schlitters **73**. Beide Summits sind unmarkiert und heben sich kaum vom umgebenden Gelände ab. Abstieg auf dem gleichen Weg.

## Strass im Zillertal 315 Meter südwestlich des Larchkopfes 1361 m **75**

**Ranking** 256 Tirol (277) 35 Bezirk (39) 79 Buch (89)

**Koordinaten** WGS 84: 47.376351, 11.813396

**Karten** BEV: BMN 119 Schwaz bzw. UTM 2224 Schwaz; Kompass: 290 Innsbruck und Umgebung; Alpenverein: 33 Tuxer Alpen

**Summits in der Nähe**

- **73** Schlitters – Durrajoch
- **74** Buch in Tirol – Durrajoch
- **72** Fügen – Leitnerbachgraben
- **76** Bruck am Ziller – östl. des Speicherteichs

★ mit dem Larchkopf (1375 m) kann vom Strasser Summit in wenigen Minuten der nordöstlichste Gipfel der Tuxer Alpen mitgenommen werden

**T1 • 850 Höhenmeter • 13 km • 5 Stunden**
**Charakteristik:** Einfache, aber etwas ausgedehntere Rundtour, die sich auch gut als Trailrunning-Strecke eignet.
**Ausrüstung:** Wanderausrüstung
**Ausgangspunkt:** Bahnhof Strass im Zillertal oder der kleine Parkplatz am Beginn des Kreuzweges nach Maria Brettfall.

Vom Bahnhof 300 Meter nach Süden, auf die andere Seite der Bahngleise, am kleinen Parkplatz für die Autoanreisenden vorbei nach Astholz und zum Beginn des Kreuzweges nach Maria Brettfall. Dem Kreuzweg steil 150 Höhenmeter bis zur weithin sichtbaren Wallfahrtskirche folgen und über den unteren Nordrücken des Larchkopfs auf die Asphaltstraße. Auf dieser nach links und – weitgehend im Wald – hoch über dem beginnenden Zillertal nach Schlitterberg mit Ausblicken auf diverse benachbarte Summits (Plessenberg 37, Ebner Joch 58, Wiedersberger Horn 23, Gratlspitze 24, die Summits im Zahmen und Wilden Kaiser und andere). In weiterer Folge auf der Forststraße (Wege 4 und 15) in fünf Serpentinen auf den langen nordostverlaufenden Rücken, der sich vom Kellerjoch 70 über den Gratzenkopf 71, das Durrajoch 73 und 74 bis auf den nordöstlichsten Gipfel der Tuxer Alpen – den Larchkopf – zieht. An der Wegkreuzung, von der es geradeaus noch gut 300 Meter auf den sendergekrönten Gipfel des Larchkopfes geht, befindet sich hinter dem gelben Wegweiser der höchste Punkt, unmarkiert und unspektakulär, im Gemeindegebiet von Strass im Zillertal. Der Abstecher auf den Larchkopf ist in wenigen Minuten möglich, dieser ist 14 Meter höher, liegt aber in Schlitters.

Um die Runde zu vervollständigen, geht es von der Kreuzung auf der Forststraße nach Nordwesten oder fallweise Abkürzungen nach Raffl nutzend hoch über dem Inntal bergab. Die Runde schließt sich an der asphaltierten Straße nach Schlitterberg. Abstieg wie Anstieg.

## Drei-Summit-Rundtour mit Öffi-Anreise
nach Schlitters 73, Buch 74 und Strass 75

**T2 • 1220 Höhenmeter • 17 km • 7 Stunden**
**Karten:** BEV: BMN 119 Schwaz bzw. UTM 2224 Schwaz; Kompass: 290 Innsbruck und Umgebung; Alpenverein: 33 Tuxer Alpen
**Charakteristik:** Schöne Herbstwanderung auf die nordöstlichsten Ausläufer der Tuxer Alpen.
**Ausrüstung:** Wanderausrüstung, GPS-Gerät
**Ausgangspunkt:** Busstation Innermaurach in Maurach/Buch in Tirol auf 556 Meter Seehöhe (Linien 602 und 2)

Die Runde startet bei der Bushaltestelle auf der Asphaltstraße und führt über Untertroi nach Obertroi. Weiter geht es auf der nun geschotterten Forststraße und danach auf dem steiler werdenden Wanderweg bis zur Lackenhütte (Jagdhütte). Nach Norden wieder auf der Forststraße Richtung Ortnerkapelle. Einen guten Kilometer nach der Jagdhütte – die Forststraße biegt recht markant um den Westrücken des Durrajochs – nun weglos durch Krummholz, Almrausch, Preisel- und Heidelbeersträucher etwas mühsam 60 Höhenmeter auf die flache Gipfelebene des Durrajochs. Mit GPS zuerst auf den Summit von Buch 74 und 33 Meter weiter nordöstlich auf jenen von Schlitters 73. Beide Summits sind unmarkiert.
Danach weglos vom Durrajoch wieder hinunter auf die Forststraße und zur Ortnerkapelle, wo schöne Tiefblicke auf den Achensee warten. Dann auf schmalen

Wanderwegen über den Reiterkopf zum Summit von Strass **75** an der Weggabelung gute 300 Meter südlich des Larchkopfes. Zurück zum Ausgangspunkt in Innermaurach über die Forststraße, die Abkürzungen zur Rafflkapelle und die Ruine Rottenburg weitgehend ausnutzend (Weg 4, 15, später 3A).

## Fünf-Summit-Tour für Ausdauernde

### nach Schwaz 70, Gallzein 71, Schlitters 73, Buch 74 und Strass 75

**T3 • 1600 Höhenmeter • 25 km • tagesfüllend**
**Charakteristik:** Lange Tour mit GPS-Feinsuche am Durrajoch, schönen Ausblicken und einer schwierigen Querung am Rückweg.
**Ausrüstung:** Wanderausrüstung, GPS-Gerät
**Ausgangspunkt:** Obertroi, wenige Abstellflächen, 1001 m

Von Obertroi (wenige Parkmöglichkeiten) auf der geschotterten Forststraße und in weiterer Folge auf dem steiler werdenden Wanderweg bis zur Lackenhütte (Jagdhütte). Von hier nach Süden auf der Forststraße bis ins Samjoch und auf dem dann folgenden Wanderweg, immer auf dem breiten Rücken bleibend, Richtung Gratzenkopf. Diesen ostseitig bis in die Scharte umgehen und aus dieser nach Norden zum Gipfelkreuz und auf den Summit von Gallzein 71. Auf gleichem Weg in die Scharte retour Richtung Kellerjoch. Die nordwestseitigen Rinnen, die vom Kellerjoch herunterziehen, sind bis ins späte Frühjahr mit hartem Altschnee gefüllt und deren Querung entsprechend heikel. Darum empfiehlt sich im Frühsommer für den An- und auch Abstieg auf das Kellerjoch der Nordostgrat. Ansonsten erfolgt der Aufstieg auf dem markierten Wanderweg. Dafür bei der Abzweigung Richtung Spieljoch kurz nach links und auf dem Grat, Steigspuren erkennbar, auf steilem Wiesengelände zur auf dem Summit thronenden Kapelle 70.

Tipp: Beim Ausstieg auf den Grat den Punkt für den Wiedereinstieg beim Rückweg einprägen, sonst kann es passieren, dass man beim Abstieg auf dem steilen Wiesenhang zu weit nach Süden (rechts) abdriftet. Retour auf dem gleichen Weg bis zur Lackenhütte.

Nun nach Norden wieder auf der Forststraße Richtung Ortnerkapelle. Einen guten Kilometer nach der Jagdhütte – die Forststraße biegt recht markant um den Westrücken des Durrajochs – nun weglos durch Krummholz, Almrausch, Preisel- und Heidelbeersträucher etwas mühsam 60 Höhenmeter auf die flache Gipfelebene des Durrajochs. Mit GPS auf den Summit von Buch **74**. 33 Meter weiter nordöstlich liegt jener von Schlitters **73**. Beide Summits sind unmarkiert. Nun weglos vom Durrajoch wieder hinunter auf die Forststraße und zur Ortnerkapelle. Schöne Tiefblicke auf den Achensee. Weiter nun auf schmalen Wanderwegen über den Reiterkopf zum Summit von Strass an der Weggabelung gute 300 Meter südlich des Larchkopfs **75**.
Der Forststraße Richtung Südwesten folgen und langatmig rund vier Kilometer hoch oberhalb des Inntals Richtung Obertroi. Gute 100 Meter vor dem Ende der Straße steil links ab in den Wald und auf Steigspuren, etwas Suchen wird erforderlich sein (hoch genug antragen), in steilem Waldgelände bis zu der breiten Schotterreise. Über diese nun auf wieder gut gehbarem Steig und danach auf forstlichem Fahrweg retour zum Auto in Obertroi.

Maurach
Ruine Rottenburg
Raffl
Schrofenmarterl
Jhtt.
arethen
Larchkopf
1375
1361
Rafaukapelle
Untertroi
Ötzwald
Ringenwechselwald
Schlierb.
Obertroi
Hochgallzein
(906)
1682
Beiterkopf
Ortnerkapelle
P
Start
Durrajoch
1740
1738
Rodaunalm
Sonnkogel
1439
Geistgraben
Teufelsgr.
Kröllenbichl
Trebachwald
Rodauner Wald
Blutskopf
Lackenhütte
(1030)
Gerstkopf
1714
Wildauer Wald
Ulpenwald
Schwade-Eisenstein
Samjoch
Öxlbach
Stockachaste
Arzjoch
1717
hwader Alm
Kunzeraste
Arzjochkapelle
Kohleralmhof
(1200)
Kaunzalm
(1525)
Mittelstation
(1189)
1931
Gratzenkopf
2087
1865
Spieljoch
1910
Fügener Wald
Köbe
Kaunzalm-Hochleger
Onkeljoch
2066
2143
Metzenjoch
Falschegg
Kellerjoch
2313
2344
Geolsalm
(1733)
0
500
1000 m

## 76 Bruck am Ziller **Hangkante westlich des Jochanger Speicherteichs** 1513 m

**Ranking** 249 Tirol (277) 34 Bezirk (39) 75 Buch (89)

**Koordinaten** WGS 84: 47.380598, 11.887755

**Karten** BEV: BMN 120 Wörgl bzw. UTM 2224 Schwaz; Kompass: 28 Vorderes Zillertal; Alpenverein: 34/1 Kitzbüheler Alpen West

**Summits in der Nähe**

- 23 Reith im Alpbachtal – Wiedersberger Horn
- 75 Strass im Zillertal – Larchkopf
- 24 Brixlegg – Gratlspitze

**T1 • 460 Höhenmeter • 8 km • 3 ½ Stunden**

**Charakteristik:** Familientaugliche, einfache Rundtour, mehrheitlich auf Forst- oder Almwegen, ein kurzes Stück weglos im Wald. Interessant ist, dass der höchste Punkt im Gemeindegebiet von Bruck am Ziller beim Besuch von einem mächtigen Ameisenhaufen gekrönt war.

**Ausrüstung:** Wanderausrüstung, GPS-Gerät

**Ausgangspunkt:** Kerschbaumer Sattel am Bruckerberg, Parkmöglichkeiten rechts der Straße

Wer vom Gemeindegebiet Bruck am Ziller starten möchte, muss vom Auto beim Kerschbaumer Sattel vor dem Beginn der Wanderung noch gut 350 Meter zur Gemeindegrenze zwischen Reith und Bruck am Waldrand und der gut erkennbaren Änderung des Straßenasphaltbelages zurückgehen. Ansonsten oder danach vom Parkplatz am Kulminationspunkt rechts bergauf den Schildern „Wildsauhütte“ und „Wiedersberger Horn“ folgen. Bei der ersten Abzweigung nach dem Schranken (etwa 1,2 km, Wegweiser zum Wiedersberger Horn) nach rechts auf die Forststraße und auf dieser bis zum Jochanger Speicherteich. Am westlichen Ufer des Speicherteichs entlang, an geeigneter Stelle von der Dammkrone nach rechts weglos in den Wald und mit dem GPS zum höchsten Punkt im Gemeindegebiet von Bruck am Ziller, der zum Zeitpunkt des Besuchs von einem mächtigen Ameisenhaufen gekrönt war. Wenige Meter rechts davon (nördlich) befinden sich eine rot-weiße Markierungsstange, ein Holzpflock und ein Markierungsstein mit dem Vermessungspunkt 46.

Vom Summit wieder retour zum Speichersee und von dort auf dem Anstiegsweg zurück zum Ausgangspunkt.

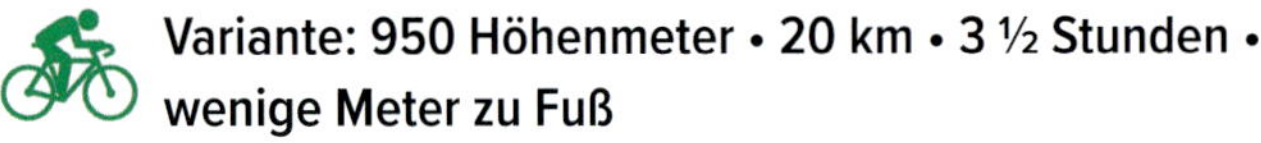

**Variante: 950 Höhenmeter • 20 km • 3 ½ Stunden • wenige Meter zu Fuß**

**Ausgangspunkt:** Bruck am Ziller

Ambitionierte Mountainbiker fahren von Bruck am Ziller auf der markierten MTB-Strecke 428 auf den Brucker Berg. Dann weiter zum Kerschbaumersattel, von hier auf der MTB-Strecke 317 an der Wildsauhütte vorbei und auf dem oben beschriebenen Abstieg bis direkt zum Speicherteich. Von dort mit dem GPS zu Fuß zum Summit. Rückweg wie Hinweg.

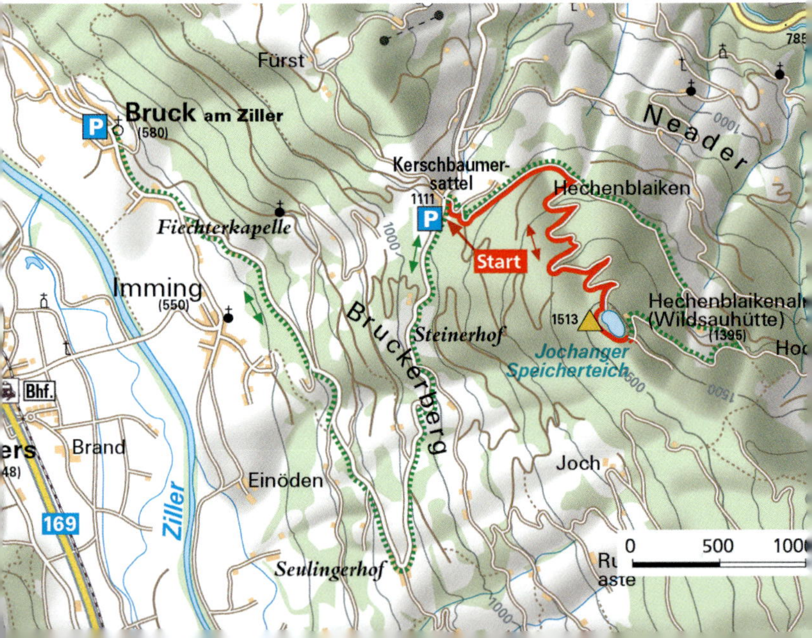

## Stumm nordwestlich der Dristalaste 881 m 77

**Ranking** 263 Tirol (277) 36 Bezirk (39) 83 Buch (89)

**Koordinaten** WGS 84: 47.316519, 11.880731

**Karten** BEV: BMN 120 Wörgl bzw. UTM 2224 Schwaz; Kompass: 28 Vorderes Zillertal; Alpenverein: 34/1 Kitzbüheler Alpen West

**Summits in der Nähe**

- 69 Uderns – Dristelaste
- 72 Fügen – Leitnerbachgraben
- 23 Reith im Alpbachtal – Wiedersberger Horn

**T1 • 380 Höhenmeter • 9 km • 2 ½ – 3 Stunden**
**Charakteristik:** Radtour mit sehr kurzer Wanderung. Vom Ortszentrum von Stumm geht es durchwegs auf Forststraßen bis zur Dristalaste im nordöstlichen Gemeindeeck;
**Ausrüstung:** Wanderausrüstung, GPS-Gerät
**Ausgangspunkt:** Bushaltestelle Stumm/Zentrum, Linie 8330 Schwaz – Mayrhofen; Startpunkt für Autoanreisende entweder im Ort, sonst beim Schranken am Waldrand, wo es aber nur wenige Parkmöglichkeiten gibt (ab hier: 350 Höhenmeter • 5,8 km • 2–2 ½ Stunden)

Von der Bushaltestelle entlang der Märzenstraße nach Norden etwa einen Kilometer bis Großmärz. An der Abzweigung weitere 600 Meter rechts bergauf in den Obisdorfweg und den Wegweisern Richtung Dristal und Dristalaste folgen. Am Waldrand beginnt die abgeschrankte Forststraße (Nr. 23).

Der gemächlich ansteigenden, stets im Wald verlaufenden Forststraße bis zur ersten großen Lichtung der Dristalaste folgen und am ersten großen, rechter Hand gelegenen Schuppen vorbei bis zum links des Schotterweges stehenden kleineren Stadel. Zwischen diesem und dem westlich im Gras liegenden markanten Felsbrocken über die Wiese leicht bergab an den Waldrand. Einigermaßen erkennbare Steigspuren führen nun steil in den Wald hinunter, aufmerksame Wanderer erkennen die rot-weißen Markierungen an einem Baum und – leicht moosüberwachsen – an den Felsen.

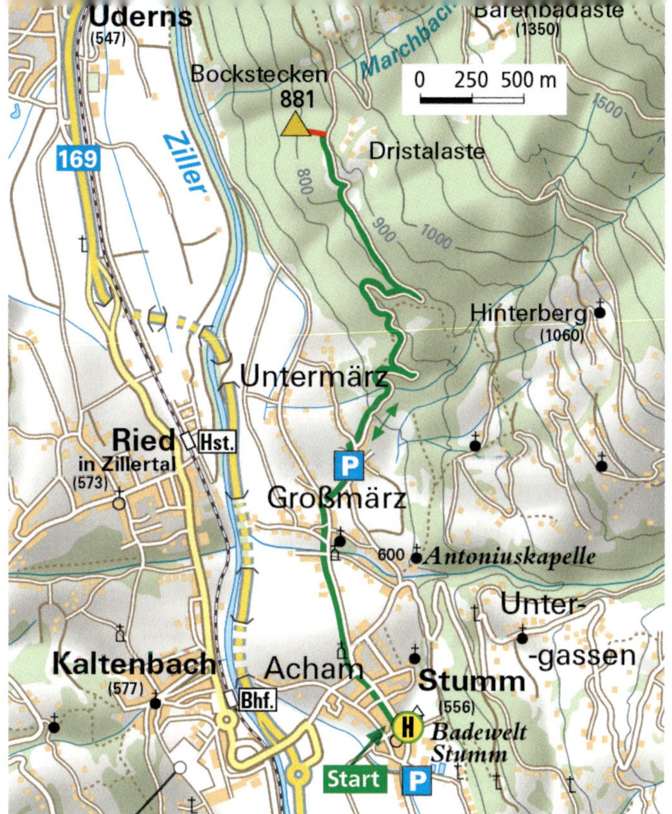


Knappe 20 Höhenmeter unterhalb des Waldrandes befindet sich der höchste Punkt im Gemeindegebiet von Stumm vor der kleinen Felsnische im Wald. Für die Feinsuche des Summits ist ein GPS-Gerät unerlässlich. Retour auf gleichem Weg.

# 78 Hart im Zillertal
## südöstlich des Galtenbergs 2 422 m

| | |
|---|---|
| **Ranking** | 153 Tirol (277) 19 Bezirk (39) 24 Buch (89) |
| **Koordinaten** | WGS 84: 47.336673, 11.976014 |
| **Karten** | BEV: BMN 120 Wörgl bzw. UTM 2224 Schwaz; Kompass: 28 Vorderes Zillertal; Alpenverein: 34/1 Kitzbüheler Alpen West |

**Summits in der Nähe**

22 Reith im Alpbachtal – Galtenberg
21 Wildschönau – Großer Beil
79 Stummerberg – Katzenkopf

★ Doppelsummit mit 22 Alpbach, der höchste Punkt im Gipfelbereich des Galtenberg ist der Summit von Alpbach. Jener von Hart ist 16 Meter weiter südlich auf einem großen, markanten, mit einer rot-weißen Wegmarkierung versehenen Stein und 2,4 Meter niedriger.

**Radstrecke: 700 Höhenmeter • gesamt 28 km**
**Wanderstrecke: T3 • 2000 Höhenmeter • 19 km • tagesfüllend**

**Charakteristik:** Sehr weite, traumhaft schöne und spannende Grattour über sieben Gipfel, die vom Gemeindegebiet aus nur mit E-Bike-Anfahrt Sinn ergibt.

**Ausrüstung:** E-Bike und Wanderausrüstung

**Ausgangspunkt:** Vom Bahnhof in Fügen mit dem Rad zum Zentrum von Hart im Zillertal.

Vom Dorfzentrum in Hart geht es zu Beginn hinunter zur Ziller und auf der Westseite entlang des Flusses mit dem E-Bike bis kurz vor den Bahnhof Kaltenbach/Stumm im Zillertal. Hier über die Brücke und der beschilderten Mountainbikeroute 479 „Kaltenbach – Jausenstation Almluft" folgen. Nach der Brücke rechts abbiegen und auf einem schmalen Weg Richtung Stumm. Bei den nächsten beiden Wegkreuzungen jeweils links und an der Kreuzung März/Stummerberg rechts bergauf fahren. An der Abzweigung Gatterberg/Stummerberg dann wieder nach links Richtung Gatterberg. Danach geht es am Gasthof Jägerklause vorbei zur Abzweigung unterhalb des ehemaligen Gasthofes Bergrast und von hier geradeaus zur Jausenstation Almluft (1212 m), wo das E-Bike abgestellt wird.

Nun zu Fuß entweder auf dem Forstweg oder den zahlreichen Abkürzungen, die immer gut markiert sind, zur Dematsteinaste, wo eine freie Wiesenfläche liegt. Danach geht's nochmal kurz in den Wald zur Steinbergaste, an dieser vorbei und über den Steig (Nr. 37) weiter zur

verfallenen Alm und zum ersten Gipfel, dem Hamberg mit traumhafter Aussicht.

Der Wanderweg 37 führt danach weiter über einen sanften Wiesengrat Richtung Nordwesten zum Standkopf. Der weitere Verlauf zieht sich über Tapenkopf und Gamskopf zum Krinnjoch immer am Grat entlang oder südseitig davon. Teilweise wird man die Hände zur Hilfe nehmen, vereinzelt sind Drahtseilversicherungen vorhanden. Ab dem Krinnjoch ist es meist einsam, denn hier startet der schwierige Teil der Tour, der Anstieg zum Dristenkopf. Auf Steigspuren geht es durch Buschwerk rechtshaltend – die Schlüsselstelle ist mit einem Seil gesichert – auf den Gipfel. Spätestens hier bietet es sich an, eine Pause einzulegen. Der Abstieg ist ebenso steil, aber auf gut erkennbarem Steig besser begehbar. Vom Sattel geht's weiter über den Kleinen Galtenberg in einem Bogen zum Großen Galtenberg. Der Summit von Hart befindet sich 16 Meter südlich des Gipfelkreuzes auf einem markanten markierten Stein.

Für den Rückweg zunächst wieder über den Kleinen Galtenberg bis zum Dristenjoch (2070 m) und von hier Richtung Süden steil hinab an der Oberweinalm vorbei, bis der Steig an einem Forstweg endet. Hier biegt man nach rechts auf den Forstweg ein, der bald zu einem Wanderweg wird und folgt diesem so lange nach Westen, bis man wieder am Ausgangspunkt der Wanderstrecke, der Jausenstation Almluft, ankommt, an der man sich am besten noch einmal stärkt, bevor man wieder zurück zum Startpunkt rollt.

**Variante:** Wer es mit dem Start auf dem Gemeindegebiet nicht so genau nimmt, der kann als Ausgangspunkt auch den Parkplatz bei der Jausenstation Almluft wählen und nur den Wanderteil der Route absolvieren.

# 79 Stummerberg Katzenkopf 2 535 m

**Ranking** 134 Tirol (277)  12 Bezirk (39)  12 Buch (89)

**Koordinaten** WGS 84: 47.274954, 11.986368

**Karten** BEV: BMN 120 Wörgl bzw. UTM 2224 Schwaz; Kompass: 28 Vorderes Zillertal; Alpenverein: 34/1 Kitzbüheler Alpen West

**Summits in der Nähe**

- **20** Hopfgarten im Brixental – Torhelm
- **80** Gerlosberg – Kreuzjoch
- **81** Rohrberg – Törljoch

**WS • 400 Höhenmeter • 2 km • 1½ Stunden**
**Charakteristik:** Unschwierige Skitour aus dem Skigebiet Zillertal Arena mit Liftunterstützung
**Ausrüstung:** Skitourenausrüstung
**Ausgangspunkt:** Bergstation Kreuzjoch X-Press (Haltestelle Rohrberg Rosenalmbahn der Linie 8330 oder Parkplatz der Karspitzbahn I)

Bevor der Aufstieg startet, fährt man mit den Rosenalmbahnen I und II, dem Hanser X-Press und dem Kreuzjoch X-Press bis zur Bergstation Kreuzjoch X-Press, dem Ausgangspunkt der Tour. Um vom Gemeindegebiet Stummerberg zu starten, ist dies die letzte mögliche Station (theoretisch könnte man noch eine weitere Bergfahrt mit dem Krimml X-Press nutzen). Hier werden die Felle aufgezogen und man steigt rund 100 Höhenmeter am Rand der Piste bis zur Bergstation des Krimml X-Press auf. Unser Ziel, der Katzenkopf, ist bereits zu sehen. Nun folgt eine Abfahrt über die Piste Richtung Krimml, die man auf einer Höhe von etwa 2300 Metern nach links verlässt. Das Gelände ist hier recht flach und man schiebt weiter bis zu einem gut ersichtlichen Rücken, hinter dem der Hang nach Norden wieder kurz abfällt, und fährt bis zum Langen See (im Winter meist nicht gut erkennbar). Den See umrundet man halb und spurt weiter Richtung Norden. Wenn das Gelände steiler und felsdurchsetzter wird, hält man sich erst rechts und zieht dann in einem Linksbogen auf den Gipfelgrat zu.

Abfahrt wie Aufstieg Richtung Langer See und von dort weiter Richtung Osten, unterhalb der Steilhänge möglichst hoch queren, sodass man direkt bei der Talstation des Krimml X-Press wieder ins Skigebiet kommt. Von hier mit Liftunterstützung bis zur Bergstation und über die Pisten hinunter ins Tal.

## Gerlosberg Kreuzjoch 2 558 m **80**

**Ranking** 130 Tirol (277) 11 Bezirk (39) 11 Buch (89)

**Koordinaten** WGS 84: 47.251455, 11.982502

**Karten** BEV: BMN 120 Wörgl und 150 Mayrhofen bzw. UTM 2224 Schwaz; Kompass: 28 Vorderes Zillertal; Alpenverein: 34/1 Kitzbüheler Alpen West

**Summits in der Nähe**

81 Rohrberg – Törljoch
79 Stummerberg – Katzenkopf
20 Hopfgarten im Brixental – Torhelm

★ Summit auf dem höchsten Gipfel der Kitzbüheler Alpen

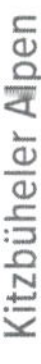

**WS • 500 Höhenmeter • 3 km • 1½ Stunden**
**Charakteristik:** Aussichtsreiche Überquerung über einen einfachen Grat mit steiler Abfahrt und Bergbahnunterstützung.
**Ausrüstung:** Skitourenausrüstung
**Ausgangspunkt:** Karspitz X-Press, Haltestelle Rohrberg/Rosenalmbahn der Linie 8330 oder Parkplatz der Karspitzbahn I, Auffahrt bis zur Bergstation des Karspitz X-Press

Mit den Karspitzbahnen I und II und dem Karspitz X-Press bis zur Bergstation, die sich gerade noch im Gemeindegebiet von Gerlosberg befindet. Von hier geht's die ersten Meter mit den Skiern über die Piste 5 hinunter bis auf eine Höhe von 2100 Meter, wo man unterhalb des Törljoches von der Piste abzweigt und die Felle aufzieht. Von hier ein kurzes Stück, circa 100 Höhenmeter, über freies Gelände Richtung Nordosten und wieder entlang der Piste, erst an der Bergstation des Hanser X-Press, dann des Kreuzjoch X-Press vorbei und bis zum höchsten Punkt der Piste, der Bergstation des Krimml X-Press (bis hier könnte man theoretisch auch mit dem Lift fahren, man startet dann allerdings nicht vom Gemeindegebiet Gerlosberg). Von der Bergstation nun unschwierig über den Grat Richtung Südosten bis zum Gipfel des Kreuzjochs.
Abfahrt wie Aufstieg und zurück auf der Piste, oder bei sicheren Verhältnissen über den steilen Südwesthang Richtung Pfannsee (im Winter meist nicht zu erkennen) und von dort mit kurzem Gegenanstieg zur Bergstation des Hanser X-Press und zurück ins Skigebiet.

Legeralm
Hansbauer
Kreuzjochhütte
(1905)
Krimmlalm
Platten-
angeraste
Fichtensee
Kreuzjoch
2558
2500
80
Innerertensee
Kreithütte
Rosenalm
Gamsköpfl
Gründlalm
(1831)
2000
Törljoch
2189
Pfannsee
Unt.
Platzlsee
Törljochkopf
2228
Roßsee
81
Karhüttenalm
Pfeiler
2308
Königsbrunn
2257
Karspitze
Start
2135
Start
0
500
1000

# 81 Rohrberg südwestlich des Törljochs 2 228 m

**Ranking** 187 Tirol (277) 24 Bezirk (39) 40 Buch (89)

**Koordinaten** WGS 84: 47.244291, 11.961255

**Karten** BEV: BMN 120 Wörgl und 150 Mayrhofen bzw. UTM 2224 Schwaz; Kompass: 28 Vorderes Zillertal; Alpenverein: 34/1 Kitzbüheler Alpen West

**Summits in der Nähe**

80 Gerlosberg – Kreuzjoch
79 Stummerberg – Katzenkopf
20 Hopfgarten im Brixental – Torhelm

**L • 100 Höhenmeter • 1 km • ½ Stunde (bzw. 1 Stunde inkl. Bergfahrt)**

**Charakteristik:** Einfach zu erreichender Summit mit Liftunterstützung aus dem Skigebiet Zillertal Arena.
**Ausrüstung:** Ski- oder Skitourenausrüstung, GPS-Gerät
**Ausgangspunkt:** Haltestelle Rohrberg/Rosenalmbahn (Linie 8330) oder Parkplatz der Karspitzbahn I, Auffahrt bis zur Bergstation der Karspitzbahn 2

Von der Bergstation geht es entlang der Piste aufwärts erst an der Bergstation des Kreuzwiesen X-Press, dann des Karspitz X-Press vorbei. Nun entlang der Piste mit leichtem Höhenverlust rund 700 Meter weiter, bis man rechts ins Gelände abzweigt und einen Kopf anpeilt, der 80 Meter südwestlich des Törljochs liegt (das Joch ist bei Schnee aber nicht erkennbar). Am höchsten Punkt des Kopfes befindet sich der Summit von Rohrberg, der nur mit dem GPS-Gerät sicher auffindbar ist.
Abfahrt im Skigebiet (Karte Seite 279).

## Zillertal-Trilogie

### auf die Summits von Stummerberg 79, Gerlosberg 80 und Rohrberg 81

**L • 750 Höhenmeter • 9 km • 4 Stunden**

**Charakteristik:** Summit-Trilogie mit Liftunterstützung aus dem Skigebiet Zillertal Arena

**Ausrüstung:** Skitourenausrüstung

**Ausgangspunkt:** Haltestelle Rohrberg/Rosenalmbahn der Linie 8330 oder Parkplatz der Karspitzbahn I, Auffahrt mit der Karspitz X-Press II bis zur Bergstation.

Von der Bergstation des Karspitz X-Press entlang der Piste mit leichtem Höhenverlust rund 700 Meter weiter, bis man rechts ins Gelände abzweigt und einen Kopf anpeilt, der 80 Meter südwestlich des Törljochs liegt. Am höchsten Punkt des Kopfes befindet sich der Summit von Rohrberg 81.

Von dort 50 Höhenmeter Richtung Norden abfahren und erst kurz in freiem Gelände, anschließend über die Pisten, erst zur Bergstation des Hanser X-Press, dann des Kreuzjoch X-Press und zuletzt des Krimml X-Press (Strecke immer eindeutig erkennbar, alternativ können auch die Lifte genutzt werden) auf den Summit von Gerlosberg 80, das Kreuzjoch (siehe Seite 277 ff). Nun Abfahrt entlang der Aufsteigsspur zur Bergstation, dann folgt eine Abfahrt über die Piste Richtung Krimml, die man auf einer Höhe von etwa 2300 Metern nach links verlässt und bis zum Langen

See hinuntergleitet. Man umrundet den See halb und spurt bergauf Richtung Norden. Wenn das Gelände steiler und felsdurchsetzter wird, hält man sich erst rechts und zieht dann in einem Linksbogen auf den Gipfelgrat des Katzenkopfes zu (Summit von Stummerberg **79**).

Abfahrt wie Aufstieg Richtung Langer See und von dort weiter Richtung Osten, unterhalb der Steilhänge möglichst hoch queren, sodass man direkt bei der Talstation des Krimml X-Press wieder ins Skigebiet kommt.

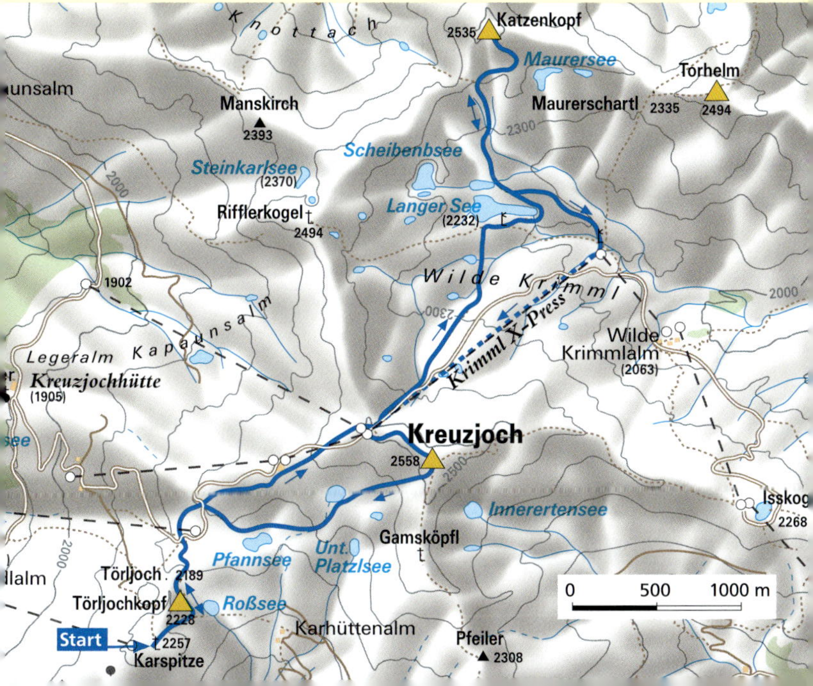

# 82 Zell am Ziller
## Straßenböschung der Gerlosstraße 602 m

**Ranking** 277 Tirol (277) 39 Bezirk (39) 89 Buch (89)
**Koordinaten** WGS 84: 47.225919, 11.887912
**Karten** BEV: BMN 150 Mayrhofen bzw. UTM 2224 Schwaz; Kompass: 28 Vorderes Zillertal; Alpenverein: 34/1 Kitzbüheler Alpen West

**Summits in der Nähe**


83 Ramsau im Zillertal – Hochfeld
81 Rohrberg – Törljoch
67 Aschau im Zillertal – Wimbachkopf
68 Kaltenbach – Wimbachkopf


★ Der Summit von Zell am Ziller ist der niedrigste im ganzen Bundesland Tirol und der nördlichste in den Zillertaler Alpen.

**T1 • 20 Höhenmeter • 2 km • ½ Stunde**
**Charakteristik:** Spaziergang vom Bahnhof Zell am Ziller durch Siedlungsgebiet zum niedrigsten Gemeindesummit von ganz Tirol.
**Ausrüstung:** GPS-Gerät
**Ausgangspunkt:** Bahnhof Zell am Ziller

Vom Bahnhof Richtung Süden auf die andere Seite der Bahngleise und nach knapp 300 Metern links in den Lechenweg abbiegen. An dessen Ende rechts in die Gerlosstraße, in weiterer Folge über den Zebrastreifen auf der Gerlos Landesstraße und geradeaus durch die Häuseransammlung der Kaiserstadt. An deren oberem Ende vor dem Starkstrommasten links bis zum ersten Ahornbaum, der den Summit markiert, zwölf Meter talwärts von der 57,4 Kilometrierungstafel am Ende der B 165 Gerlosstraße (GPS-Gerät für die Feinsuche).

## 83 Ramsau im Zillertal Hochfeld 2 350 m

**Ranking** 167 Tirol (277) 21 Bezirk (39) 29 Buch (89)

**Koordinaten** WGS 84: 47.183626, 11.924904

**Karten** BEV: BMN 150 Mayrhofen bzw. UTM 2224 Schwaz und 2230 Mayrhofen; Kompass: 37 Mayrhofen, Tuxer Tal, Zillergrund; Alpenverein: 34/1 Kitzbüheler Alpen West

**Summits in der Nähe**

84 Hainzenberg – Torhelm
82 Zell am Ziller – Straßenböschung
81 Rohrberg – Törljoch

**T3 • 1020 Höhenmeter • 6,5 km • 4 Stunden**
**Charakteristik:** Das obere Viertel des Anstiegs erfordert etwas Orientierungsvermögen und die Fähigkeit zur Wegfindung, leicht exponierter Gipfelaufschwung.
**Ausrüstung:** Wanderausrüstung, GPS
**Ausgangspunkt:** Wer im Gemeindegebiet von Ramsau starten möchte, muss sich entweder am Talboden aufmachen – die Befahrungs- und Parkmöglichkeiten sind im Bereich Ramsberg sehr beschränkt – oder man fährt in Hainzenberg bei der Talstation der Gerlossteinbahn auf der beschrankten Mautstraße bis „Schlittenstadl – Sonnalm".

Vom Schlittenstadl (Sonnalm) auf dem Wanderweg, mehr oder weniger unter dem Lift, zum Berghotel Gerlosstein. Von hier auf breitem Weg (Nr. 8) über die Wiese (im Winter Skiabfahrt) und auf gut angelegtem Wanderweg Richtung Arbisködgerl und Gerlossteinwand bis in das Kar zwischen Freikopf, Steinkarspitze und Hochfeld. An der Karschwelle versteckt sich linker Hand ein kleiner Unterschlupf. Geradeaus weiter und am nächsten Markierungstaferl, das nach links weist, trotzdem geradeaus weiter. Hier sind Wegspuren erkennbar. Hinter einem kleinen Buckel liegt, vorerst noch versteckt, eine verfallene Almhütte. Geradeaus weiter, leicht rechts vom Hochfeldgipfel haltend, bis das Gelände aufsteilt und in einer kleinen Rinne mündet. Vor dieser rechts in die Latschen und, etwas mühsam die Trittspuren erspähend, um den Felsriegel gegen den Uhrzeigersinn herum. Am Nordwestrücken (Salzlecke, kleines Steinmandl) wird der Steig deutlicher erkennbar und am oberen Ende des Anstiegs lässt sich eine größere Steinpyramide ausmachen. Von dieser am nun grasigen Rücken rechts um den Vorgipfel herum und südseitig, in leicht abschüssigem Gelände, bis zum Gipfelkreuz des Hochfelds, des Summits von Ramsau im Zillertal.

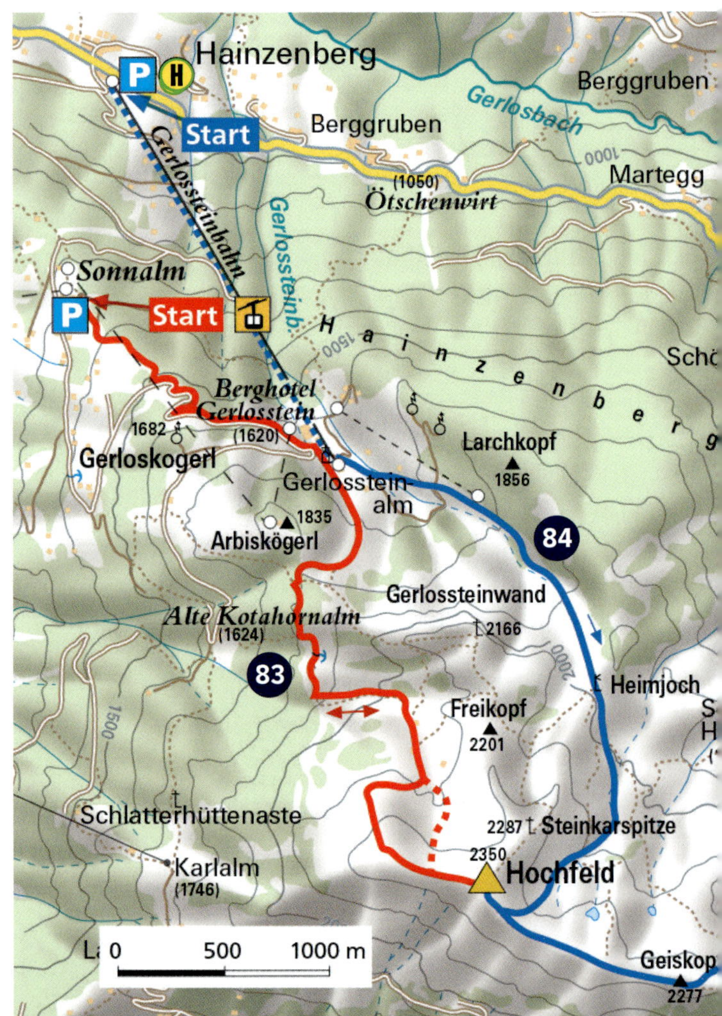

Abstieg wie Anstieg. Eine gute Abstiegsalternative bei trockenen Bedingungen erfolgt vom Grat direkt in die Nordflanke (ebenfalls weglos). Dieser Abstieg ist kürzer und leicht einsehbar.

## 84 Hainzenberg Torhelm 2 452 m

**Ranking** 147 Tirol (277) 15 Bezirk (39) 18 Buch (89)

**Koordinaten** WGS 84: 47.180346, 11.956030

**Karten** BEV: BMN 150 Mayrhofen bzw. UTM 2224 Schwaz und 2230 Mayrhofen; Kompass: 37 Mayrhofen, Tuxer Tal, Zillergrund; Alpenverein: 34/1 Kitzbüheler Alpen West

**Summits in der Nähe**

83 Ramsau im Zillertal – Hochfeld

81 Rohrberg – Törljoch

82 Zell am Ziller – Straßenböschung

★ nicht zu verwechseln mit dem gleichnamigen Summit von Hopfgarten im Brixental 20

**WS • 1200 Höhenmeter • 14 km • 4 ½ Stunden**
**Charakteristik:** Einsame Skidurchquerung mit Liftunterstützung, bei der man den Summit von Ramsau im Zillertal 83 mitnehmen kann.
**Ausgangspunkt:** Bushaltestelle Hainzenberg/Gerlossteinbahn (Linie 4094) oder Parkplatz Gerlossteinbahn

Mit der Bahn bis zur Bergstation und linkshaltend über die Piste zur Bergstation des Schleppliftes. Von dort in gleicher Richtung über flaches Gelände zum Heimjoch. Hier nicht weiter nach rechts aufsteigen, sondern leicht links haltend unter einem felsigen Steilhang queren und weiter bis in ein breites Kar. Entweder rechts oder links des breiten Kessels aufsteigen und über den Rücken bis an den südöstlichen Gipfelaufbau. Hier Skidepot einrichten. Zu Fuß weiter rund 60 Höhenmeter hinaufstapfend bis zum Gipfel des Hochfelds, Summit von Ramsau im Zillertal 83.
Zurück zum Skidepot und am Kamm entlang, mehrmals auf und ab bis östlich des Geiskopfes (mit oder ohne Felle). Nun folgt die erste Abfahrt auf einen Boden südwestlich des Seichenkopfes auf etwa 2050 Meter. Hier wieder anfellen und steil in der Rinne zwischen Seichenkopf und Torhelm aufsteigen (450 Höhenmeter). Von der Scharte ein paar Meter abwärts Richtung Osten und unterhalb der nördlichen Steilhänge des Torhelms vorbei über Mulden Richtung Ostrücken ansteigen, wo man auf die klassische Aufstiegsspur auf den Torhelm trifft. Weiter entlang des Rückens und zuletzt in Spitzkehren auf den Summit von Hainzenberg.
Abfahrt Richtung Nordosten, immer leicht links des Rückens bis auf eine Höhe von etwa 2050 Meter. Hier nach

rechts hinunter in den Graben, diesem kurz folgen und an geeigneter Stelle nach rechts hinaus queren. Über freies Gelände am Weißbachalm-Mitterleger vorbei hinunter auf einen Forstweg zu, der nach rechts zur Weißbachalm leitet. Von hier in freiem Skigelände hinunter ins Tal zum Gasthof Kühle Rast und zur Bushaltestelle (Karte Seite 288-289).

**Variante: WS- • 1250 Höhenmeter • 5 km • 3 ½ Stunden • Klassischer Anstieg mit Start 300 Meter nördlich der Gemeindegrenzen (Gemeindegebiet von Gerlos)**
**Charakteristik:** Aufgrund der geringen Schwierigkeit und der Nordausrichtung, was häufig gute Schneeverhältnisse verspricht, eine der meist besuchten Touren im Bereich Gerlos.
**Ausrüstung:** Skitourenausrüstung.
**Ausgangspunkt:** Bushaltestelle Gasthof Kühle Rast (Linie 4094) oder Parkplatz Schwarzachtal etwa 300 Meter weiter südlich

Vom Gasthof Kühle Rast geht's zuerst Richtung Süden zum Parkplatz und am LVS-Checkpunkt vorbei, kurz danach biegt man rechts in die Wiese ab. Ab hier in direkter Linie bergauf, immer wieder einen Fahrweg querend bis zur Weißbachalm. Weiter folgt man dem flachen Fahrweg, immer wieder Abschneider nutzend über kurze, freie Hänge bis zum Weißbachalm-Mitterleger. Hier endet der Weg. Vor der Almhütte wendet man sich nach links und steigt über einen freien Hang auf, erst entlang eines Grabens, dann an dessen anderer Seite. Weiter geht es rechts immer entlang eines Rückens, der am Ende etwas schmaler wird. So erreicht man zuletzt etwas steiler in Spitzkehren den Gipfel.
Abfahrt entlang der Aufstiegsroute (Karte Seite 288-289).

## Gerlos **Schneekarspitze** 3 208 m **85**

**Ranking** 24 Tirol (277) 5 Bezirk (39) 5 Buch (89)

**Koordinaten** WGS 84: 47.146077, 12.093072

**Karten** BEV: BMN 150 Mayrhofen und 151 Krimml bzw. UTM 3219 Neukirchen am Großvenediger und 3225 St. Peter in Ahrn; Kompass: 37 Mayrhofen, Tuxer Tal, Zillergrund; Alpenverein: 35/3 Zillertaler Alpen Ost

**Summits in der Nähe**

**86** Brandenberg – Reichenspitze
**84** Hainzenberg – Torhelm
**83** Ramsau im Zillertal – Hochfeld

★ Die Schneekarspitze ist nicht nur der Summit von Gerlos, sondern auch der westlichste 3 000er-Gipfel im Bundesland Salzburg.

**WS+, II • 1950 Höhenmeter • 12 km • 5–6 Stunden • davon Radstrecke: 180 Höhenmeter • 4 km**

**Charakteristik:** Lange und hochalpine Skitour; der ausgedehnte Talzustieg kann – je nach Schneelage – bis zur Issalm mit dem (E-)Bike verkürzt werden.

**Ausrüstung:** vollständige Skitourenausrüstung, ev. Steigeisen und Pickel

**Ausgangspunkt:** Am östlichen Ortsende von Gerlos nach Süden ins Schönachtal abzweigen. Nach der Brücke links und bis zum Schranken auf 1290 Meter (Parkmöglichkeiten).

Vom Parkplatz auf dem flachen Talweg nach Süden, an der Stinkmoosalm und der Lackenalm vorbei und auf der anderen Bachseite weiter zur Issalm auf 1470 Meter (4 Kilometer ab Parkplatz, Ende der allfälligen Radstrecke). Nach der Issalm geht es nicht in den flachen Boden (Langlaufloipe), sondern links den Fahrweg bergauf. Ab einer Höhe von circa 2150 Meter führt die Spur mittig des breiten Talbodens in gleichmäßiger und angenehmer Steigung bergan. Das Gelände steilt auf, links und in weitem Rechtsbogen um den markanten Felsriegel herum und teilweise über 35 Grad steil auf dem Gletscher direkt auf die Schönachschneid (2982 m). Von dort bedarf es, aufgrund des Gletscherrückgangs, mittlerweile eines 15 Meter hohen Abstiegs (mit den Skiern am Rücken oder in den Händen abklettern, bei genügend Schnee ohne Seil möglich, sonst ev. Seilsicherung für den Wiederaufstieg erforderlich) auf die Südseite des Grates auf das Zillerkees. Auf diesem noch recht flach bis unterhalb des Gipfelanstiegs zur Schneekarspitze queren und von dort steiler werdend (über 45 Grad, früher oder später Skidepot) meist bereits in weich gewordenem Schneegestapf auf den Ostgrat und auf diesem nach Westen auf den Gipfel der Schneekarspitze. Abfahrt wie Anstieg oder je nach Schneeverhältnissen und Sonneneinstrahlung vom Skidepot weiter westlich.

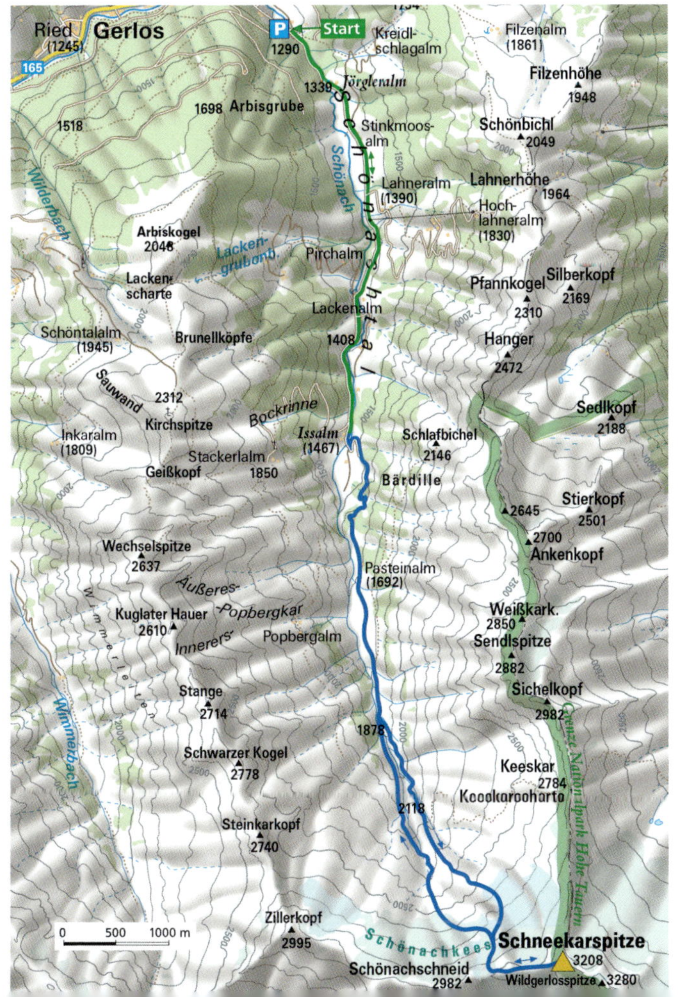

# 86 Brandberg Reichenspitze 3 303 m

**Ranking** 19 Tirol (277) 4 Bezirk (39) 4 Buch (89)

**Koordinaten** WGS 84: 47.139651, 12.110653

**Karten** BEV: BMN 150 Mayrhofen und 151 Krimml bzw. UTM 3225 St. Peter in Ahrn; Kompass: 37 Mayrhofen, Tuxer Tal, Zillergrund; Alpenverein: 35/3 Zillertaler Alpen Ost

**Summits in der Nähe**

85 Gerlos – Schneekarspitze
84 Hainzenberg – Torhelm
83 Ramsau im Zillertal – Hochfeld

**ZS- • 1500 Höhenmeter • 13 km (mit Bus zum Speichersee) • 1900 Höhenmeter • 20 km (ohne Busunterstützung) • 8–10 Stunden**

**Charakteristik:** Relativ wenig besuchter Gipfel in der grandiosen Bergkulisse der Zillertaler Alpen.

**Ausrüstung:** Hochtourenausrüstung

**Ausgangspunkt:** Bushaltestelle Zillergrund/Staumauer, Bushaltestelle Zillergrund/Bärenbad (Linie 8328 bzw. 382800) oder Parkplatz Gasthof Bärenbad

Von der Bushaltestelle oder dem Parkplatz Gasthof Bärenbad führt ein markierter und beschilderter Weg in den Wald und hinauf zum Speicher Zillergründl. Im Sommer gibt es einen Bus, der bis zum Speichersee fährt (Fahrverbot für Autos). Man erspart sich dadurch 400 Höhenmeter und eine Stunde Gehzeit. Der Weg führt am nördlichen Ende der Staumauer vorbei, durch den beleuchteten Tunnel und am Nordufer des Speichers bis zur Abzweigung Richtung Plauener Hütte.
Von der Hütte führt der Steig 512 bergauf Richtung Nordosten, man folgt der Beschilderung Kuchelmooskopf/Reichenspitze. Über eine Moräne erreicht man das Firnbecken und den steilen Aufschwung des Kuchelmooskeeses auf circa 2700 Metern (Anseilplatz). Die ersten Eisbrüche werden östlich umgangen, dann biegt man nach links, bis das Gelände deutlich abflacht. Immer eher rechts haltend entlang der steilen Felswand über kupiertes Gelände (Vorsicht vor Steinschlag) erreicht man das weitläufige Gletscherbecken. In einem weiten Rechtsbogen zwischen Kuchelmooskopf und Reichenspitze geht's über die immer

steiler werdende Westflanke hinauf. Nach Überwinden der Randspalte und einer steilen Querung folgt meist schnee- und eisfreies Blockgelände. Danach erneut eine Querung im Firn direkt am Gratverlauf, bis nach einem kurzen steilen Aufschwung die letzten Meter im Fels zu bewältigen sind. Auf dem Gipfel wartet eine grandiose Aussicht mit Großvenediger, Großem Geiger und Dreiherrenspitze. Abstieg wie Aufstieg.

## Mayrhofen Großer Löffler 3 378 m 87

**Ranking** 15 Tirol (277) 3 Bezirk (39) 3 Buch (89)

**Koordinaten** WGS 84: 47.032725, 11.915589

**Karten** BEV: BMN 149 Lanersbach und 150 Mayrhofen
bzw. UTM 2230 Mayrhofen;
Kompass: 37 Mayrhofen, Tuxer Tal, Zillergrund;
Alpenverein: 35/2 Zillertaler Alpen Mitte

**Summits in der Nähe**


89 Finkenberg – Hochfeiler
84 Hainzenberg – Torhelm
83 Ramsau im Zillertal – Hochfeld

**WS+ • I bis II • 2 200 Höhenmeter • 2 Tage • 22 km (3 ½–4 ½ Stunden Hüttenzustieg • 7 Stunden bis zum Gipfel und retour zur Hütte • 3–3 ½ Stunden Abstieg von der Hütte zum Parkplatz)**

**Charakteristik:** Spaltenreiche zweitägige Hochtour auf einen beeindruckenden Aussichtsgipfel.

**Ausrüstung:** Hochtourenausrüstung

**Ausgangspunkt:** Haltestelle Ginzling/Naturparkhaus (Linie 4102, optional mit dem Hüttenshuttle bis zur Materialseilbahn) oder Parkplatz bei der Tristenbachalm

Der Anstieg durch das malerische Floitental führt ab dem Naturparkhaus über eine Straße bis zum letzten Parkplatz bei der Tristenbachalm immer leicht bergan über einen Forstweg an mehreren Almen und am Gasthof Steinbock vorbei bis zur Materialseilbahn (bis hier 3 Stunden Gehzeit, Anfahrt bis hier mit MTB oder Shuttle möglich). Weiter auf einem Wanderweg in vielen Serpentinen durch wunderschönes Gelände zur Greizer Hütte (von der Materialseilbahn 1 ½ Stunden).

Von der gemütlichen Greizer Hütte weiter entlang roter Markierungen über Moränen und Schutt zum Floitenkees. Rechts des Westgrates wechselt man auf den Gletscher, wobei man sich beim Aufstieg aufgrund der Steinschlaggefahr nicht zu nahe am Westgrat bewegen sollte. Je nach Spaltensituation steigt man mittig oder rechtshaltend Richtung Südgrat hinauf und wechselt an geeigneter Stelle vom Gletscher zum Fels. Am Südgrat wurde ein neues Kreuz errichtet, an dem man sich links hält. Von hier geht es in leichter Kletterei (I bis II) weiter. Je nach Schnee- und

Eissituation müssen Blöcke und Felspassagen umgangen werden. Man gelangt gegen Ende auf ein Plateau und nach einem letzten Aufschwung auf den Gipfel.
Der Summit ist die spitze Granitpyramide ungefähr zehn Meter nördlich des Gipfelkreuzes und ist nur unwesentlich höher als das Gipfelkreuz selbst.
Abstieg wie Aufstieg.

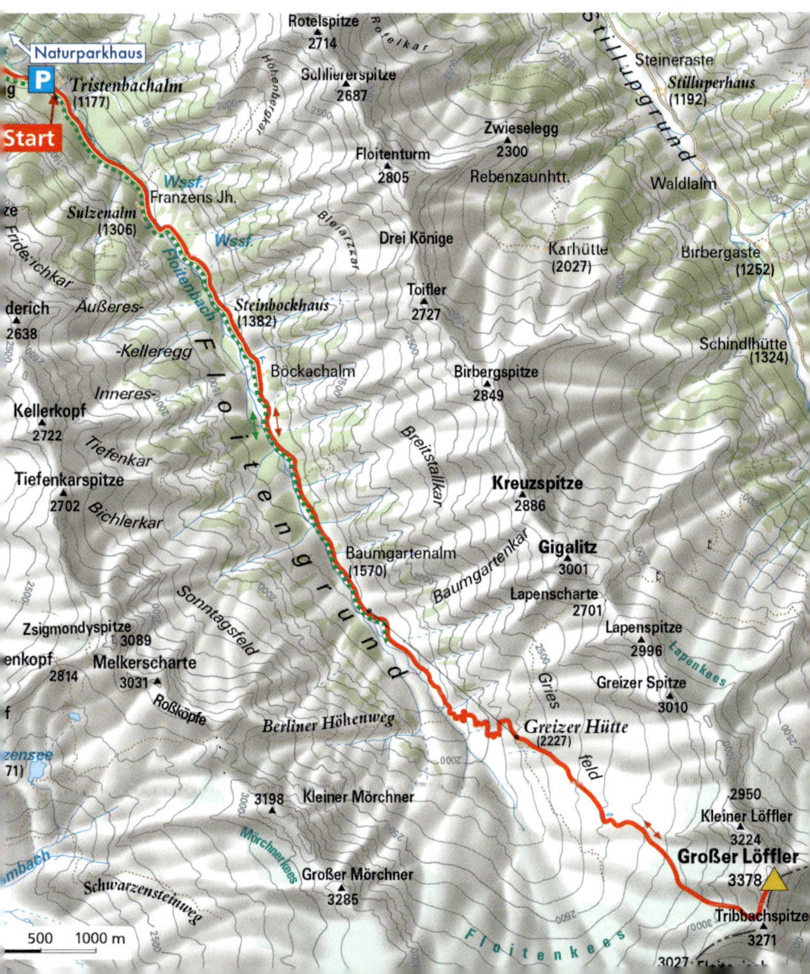

# 88 Tux Olperer 3 476 m

**Ranking** 11 Tirol (277) 2 Bezirk (39) 2 Buch (89)

**Koordinaten** WGS 84: 47.053257, 11.658674

**Karten** BEV: BMN 149 Lanersbach bzw. UTM 2229 Fulpmes und 2230 Mayrhofen; Kompass: 37 Mayrhofen, Tuxer Tal, Zillergrund; Alpenverein: 35/1 Zillertaler Alpen West

**Summits in der Nähe**

- 32 Wattenberg – Geier
- 89 Finkenberg – Hochfeiler
- 64 Schwendau – Grindlspitze
- 63 Hippach – Rastkogel
- 62 Weerberg – Rastkogel

Olperer-Überschreitung als Öffi-Tour ab Mayrhofen auf den Doppelsummit mit Schmirn (Innsbruck Land)

**WS- • II bis III (frei IV) • 600 Höhenmeter • 9 km • 7 Stunden**

**Charakteristik:** Aussichtsreiche Gratkletterei mit hochalpinem Charakter in fantastischer Hochgebirgslandschaft.

**Ausrüstung:** Hochtouren- und Kletterausrüstung

**Ausgangspunkt:** Es gibt viele Wege auf den Olperer. Um im Gemeindegebiet von Tux zu starten, bleibt nur ein eher wenig bekannter Ausgangspunkt, das Gletscherskigebiet. Vorteil dabei ist, dass die Tour einfach als Tagestour zu bewältigen ist. Dazu mit dem Bus 4104 nach Hintertux und mit dem Gletscherbus I und II und der Gefrorenen-Wand-Bahn bis zur Bergstation.

Bereits beim Ausstieg an der Bergstation der Gefrorenen-Wand-Bahn sticht das Tagesziel mit dem schroffen Nordgrat ins Auge. Von hier geht's mit Steigeisen zuerst kurz am Pistenrand bergab und Richtung Schlepplifte, die zur Wildlahnerscharte führen. Über die Piste links der Schlepplifte bis zu deren Ausstieg und ein Stück weiter zur Scharte, wo bereits der mächtige Nordgrat Eindruck macht. Weiter nun rechts des Grates über den markanten, etwa 35 Grad steilen Eiswulst hinauf, bis die Neigung etwas abnimmt (erst nach 100 Höhenmetern, nicht ganz unten auf den Grat wechseln!) bis man an einer geeigneten Stelle je nach Randspalte auf den Fels wechselt und zum Grat klettert.

Der teils ausgesetzte Grat bietet besten Granit. Triangelförmige Stahlstifte (Entenfüße) dienen als Steighilfe, Zwischensicherung und Standplatz. In traumhafter Kletterei, im zweiten Schwierigkeitsgrad, bis zur Schlüsselstelle auf etwa 3400 Meter. Ein kurzer, überhängender Aufschwung kann mithilfe von Trittbügeln und ein wenig Muskelkraft überwunden werden. Danach ist es bis zum Gipfel pure Genusskletterei. Der Gipfel wartet mit einem traumhaften Ausblick auf die Zillertaler Eisriesen auf – der Schlegeisspeicher erinnert an einen Fjord.

Der Summit von Tux befindet sich direkt am höchsten Punkt beim Gipfelkreuz, der Summit von Schmirn etwa 25 Meter weiter südwestlich am Grat.

Abstieg wie Aufstieg, oder landschaftlich viel schöner über den Riepengrat (Normalweg) hinunter bis zum

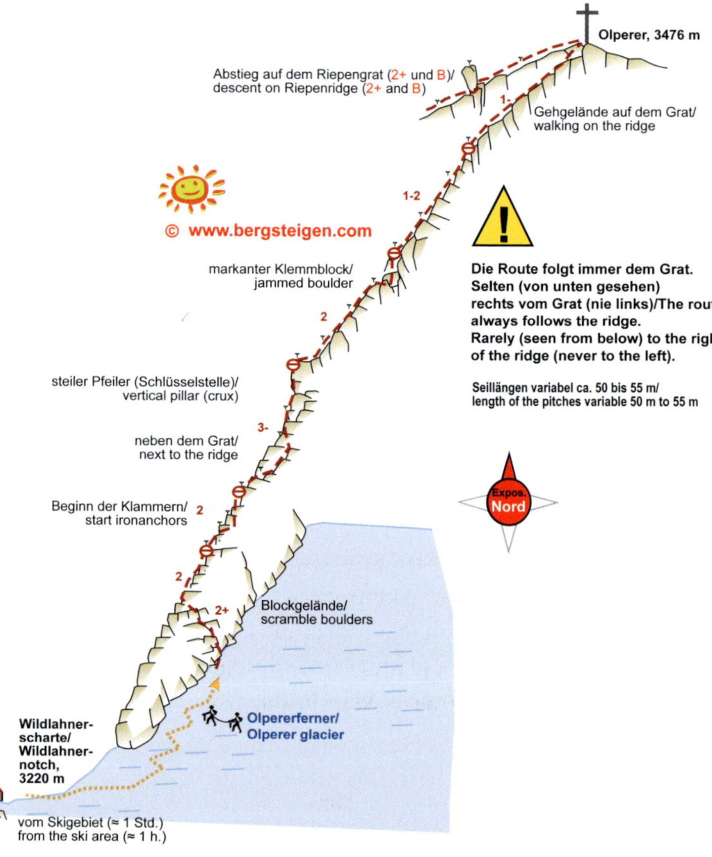

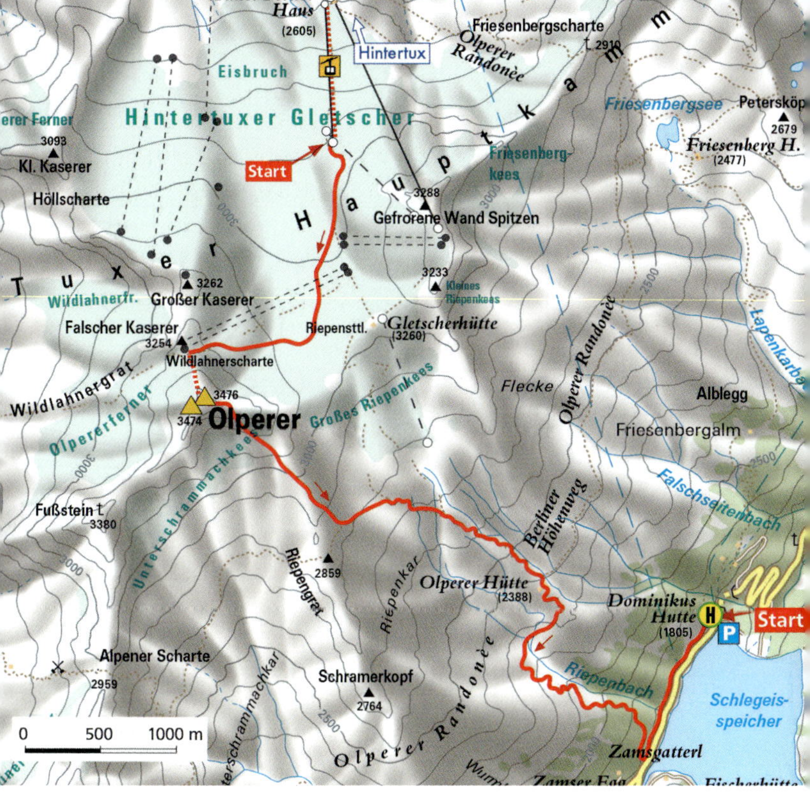


Schlegeisspeicher. Die Wegführung am Grat ist immer eindeutig und nicht zu verfehlen. Dazu am Anfang in leichter Kletterei (II), später über eine drahtseilversicherte Stelle zum sogenannten Schneegupf, wo die Steigeisen wieder hilfreich sind. Über ein Firnfeld weiter und über ein wegloses Schuttfeld, durch das man mittels zahlreicher Steinmandln geleitet wird – frei nach der Devise „viele Wege führen zur Olpererhütte". Von dort auf gut markiertem Weg bis zum Schlegeisstausee und von dort mit dem Bus (Linie 4102) retour nach Mayrhofen.

## 89 Finkenberg Hochfeiler 3 507 m

**Ranking** 7 Tirol (277) 1 Bezirk (39) 1 Buch (89)

**Koordinaten** WGS 84: 46.972386, 11.727653

**Karten** BEV: BMN 149 Lanersbach und 176 Mühlbach bzw. UTM 2229 Fulpmes, 2230 Mayrhofen, 2105 Sterzing und 2106 Sand in Taufers; Kompass: 37 Zillertaler Alpen, Tuxer Alpen; Alpenverein: 35/1 Zillertaler Alpen West

**Summits in der Nähe**

88 Tux – Olperer
87 Mayrhofen – Großer Löffler
64 Schwendau – Grindlspitze

★ Der Summit von Finkenberg ist der höchste Summit im Bezirk Schwaz und im Buch.

 **T3 • 2 900 Höhenmeter • 36 km • Zwei- bis Dreitagestour (mind. 16 Stunden)**

**Charakteristik:** Ausdauer erfordernde mehrtägige Tour auf einen formschönen Wander-Dreitausender. Das Eis am Gipfel ist mittlerweile so weit zurückgegangen, dass keine besonderen Schwierigkeiten mehr auftreten (ausgenommen im Frühsommer, wenn noch Schnee auf dem Gipfelgrat liegt).

**Ausrüstung:** Wanderausrüstung (im Frühsommer ev. Steigeisen oder Grödel)

**Ausgangspunkt:** Bushaltestelle oder Parkplatz am Schlegeisstausee (Linie 4102)

Am Tag eins geht es von der Bushaltestelle am Schlegeisstausee gemütlich bis zum Ende des Sees und zur Jausenstation Zamsgatterl, wo man nach der Brücke rechts abbiegt. Nun durch lichten Wald aufwärts bis zur Lavitzalm. Kurz wieder bergab auf einer Schotterstraße, bis links wieder ein Steig abzweigt, der aufs Pfitscherjoch führt. Ab hier entweder zu Fuß über einen steilen Pfad oder gemütlich mit dem Taxi die 500 Höhenmeter hinunter ins Pfitschertal bis zur dritten Kehre (das spart etwa eine Stunde). Dort passiert man einen kleinen Parkplatz und folgt den Schildern Richtung Hochfeilerhütte. Leicht absteigend geht es hinab zum wilden Oberbergbach, den man überquert und dem Weg weiter folgt, der an der Kaserhütte vorbei immer weiter ins Tal hineinführt. Der Weg wird nun etwas ausgesetzter und ist teils seilversichert. Eine Abzweigung zum Hochfeiler bleibt links liegen und der Weg führt weiter zur Hochfeilerhütte, die sich für eine Übernachtung anbietet.

Tag zwei startet nach der Rückkehr zur Abzweigung mit einer unschwierigen, drahtseilversicherten Felsstufe, die zum unteren Ende des Südwestrückens führt. Der gut markierte Weg folgt dem Grat bis zu einer Stelle mit vielen aufgestellten Steinplatten. Jetzt ist es nicht mehr weit zum eigentlichen Gipfelgrat, der später in der Saison meist frei von Schnee und Firn ist und sich dann als einfaches Blockgelände zeigt. Nur sehr früh in der Saison kann es sein, dass sich der Grat von seiner wilderen Seite zeigt und Steigeisen oder Grödel nötig sind. Der Gipfel wartet mit einem atemberaubenden Panorama (Hoher Weißzinth, Großer Möseler, Hochwartspitze, Hochferner). Der höchste Punkt im Gemeindegebiet von Finkenberg liegt 3,5 Meter östlich des Hochfeilergipfels. Das Gipfelkreuz steht auf 3 509 Meter auf italienischer Seite.

Abstieg wie Anstieg, nur, dass man sich den Abstecher zur Hütte sparen und direkt absteigen kann. An der dritten Kehre der Pfitscherjochstraße angekommen gibt es wieder die Möglichkeit, das Taxi in Anspruch zu nehmen, oder man plant eine weitere Nacht am Pfitscherjoch-Haus ein.

Olperer Hütte
(2388)
Dominikus Hütte
(1805)
Start
Riepenbach
Schlegeis-
speicher
Inneres-
Spiegelkar
Schramerkopf
2764
Olperer Randonèe
Unterschrammachkar
Zamsgatterl
Zamser Egg
Fischerhütte
Ameiskopf
2553
Schlegeisspeicher
Zamser Egg
2467
Oberschrammachbache
Lapenköpfe
Inneres
Steinkarl
Berliner Höhenweg
2592
Kastenschneid
Kastenlahner
Kleiner Hochsteller
2860
Jhtt.
Hochstall
Kellerkopf
2648
Haupental
2466
Die Wantler
Kälberlahnerspitze
2928
Lavitzalm
(2095)
Der Geier
Hochsteller
3098
Pfitscher Joch
2246
Zollhtt.
Rotbachlspitze
2897
Haupenhöhe
3041
2679
Haupenscharte
Griesscharte
2810
Oberberg
Rötkees
Rötwand
Oberbergbach
Hochfernerspitze
3470
Ht.-
3395
3380
Unter-
berghütten
Gliderbach
Vd.-
3269
-Weißspitze
Hochfeiler
3507
Gamsstetten
2713
Blauer Kofel
2867
Weißkarferner
Hochfeilerhütte
(2710)
Pletzenspitze
2769
0
500
1000 m

## Ranking der 89 Summits

| | | | |
|---|---|---|---|
| 1 | 3 507 m | **östl. vom Hochfeiler** (Finkenberg) | 89 |
| 2 | 3 476 m | **Olperer** (Tux) | 88 |
| 3 | 3 378 m | **Großer Löffler** (Mayrhofen) | 87 |
| 4 | 3 303 m | **Reichenspitze** (Brandberg) | 86 |
| 5 | 3 208 m | **Schneekarspitze** (Gerlos) | 85 |
| 6 | 2 761 m | **Rastkogel** (Weerberg) | 62 |
| 6 | 2 761 m | **Rastkogel** (Hippach) | 63 |
| 8 | 2 747 m | **östl. der Birkkarspitze** (Vomp) | 51 |
| 9 | 2 633 m | **Grindlspitze** (Schwendau) | 64 |
| 10 | 2 576 m | **Rosskopf** (Fügenberg) | 61 |
| 11 | 2 558 m | **Kreuzjoch** (Gerlosberg) | 80 |
| 12 | 2 535 m | **Katzenkopf** (Stummerberg) | 79 |
| 13 | 2 506 m | **Mitterhorn** (Waidring) | 6 |
| 14 | 2 506 m | **Mitterhorn** (St. Ulrich am Pillersee) | 7 |
| 15 | 2 495 m | **östl. des Marchkopfes** (Zellberg) | 65 |
| 16 | 2 494 m | **Torhelm** (Hopfgarten im Brixental) | 20 |
| 17 | 2 457 m | **Sonnjoch** (Eben am Achensee) | 52 |
| 18 | 2 452 m | **Torhelm** (Hainzenberg) | 84 |
| 19 | 2 440 m | **nordöstl. des Wimbachkopfes** (Kaltenbach) | 68 |
| 20 | 2 439 m | **östl. des Wimbachkopfes** (Aschau im Zillertal) | 67 |
| 21 | 2 436 m | **nördl. des Kröndlberggipfels** (Westendorf) | 19 |

| | | | |
|---|---|---|---|
| **22** | 2 424 m | **Galtenberg** (Alpbach) 22 | |
| **23** | 2 423 m | **nordwestl. des Marchkopfes** (Ried im Zillertal) 66 | |
| **24** | 2 422 m | **südöstl. des Galtenbergs** (Hart im Zillertal) 78 | |
| **25** | 2 407 m | **südlich des Rotschartl** (Hochfilzen) 8 | |
| **26** | 2 384 m | **Hühnerkopf** (Pill) 60 | |
| **27** | 2 366 m | **Großer Rettenstein** (Kirchberg in Tirol) 18 | |
| **28** | 2 363 m | **Geißstein** (Jochberg) 17 | |
| **29** | 2 350 m | **Hochfeld** (Ramsau im Zillertal) 83 | |
| **30** | 2 344 m | **Kellerjoch** (Schwaz) 70 | |
| **31** | 2 341 m | **Ellmauer Halt** (Ellmau) 49 | |
| **32** | 2 330 m | **Ackerlspitze** (Kirchdorf in Tirol) 3 | |
| **33** | 2 329 m | **Ackerlspitze** (Going am Wilden Kaiser) 4 | |
| **34** | 2 319 m | **6. Turm am Kopftörlgrat** (Kufstein) 48 | |
| **35** | 2 308 m | **Großer Beil** (Wildschönau) 21 | |
| **36** | 2 304 m | **Treffauer** (Scheffau am Wilden Kaiser) 50 | |
| **37** | 2 299 m | **Hochiss** (Steinberg am Rofan) 57 | |
| **38** | 2 259 m | **Rofanspitze** (Münster) 39 | |
| **39** | 2 232 m | **Maukspitze** (St. Johann in Tirol) 5 | |
| **40** | 2 228 m | **südwestl. des Törljochs** (Rohrberg) 81 | |
| **41** | 2 192 m | **östl. der Guffertspitze** (Brandenberg) 40 | |
| **42** | 2 178 m | **Gamshag** (Aurach bei Kitzbühel) 16 | |
| **43** | 2 168 m | **Stuhlböcklkopf** (Achenkirch) 56 | |
| **44** | 2 147 m | **Ochsenkopf** (Stans) 54 | |
| **45** | 2 147 m | **Ochsenkopf** (Jenbach) 55 | |

46 2127 m **Wiedersberger Horn** (Reith im Alpbachtal) 23 __________

47 2117 m **Wildseeloder** (Fieberbrunn) 15 __________

48 2087 m **Gratzenkopf** (Gallzein) 71 __________

49 2001 m **Vordere Kesselschneid** (Walchsee) 46 __________

50 2000 m **Vordere Kesselschneid** (Ebbs) 47 __________

51 1996 m **Kitzbüheler Horn** (Oberndorf in Tirol) 10 __________

52 1995 m **Kitzbüheler Horn** (Kitzbühel) 11 __________

53 1986 m **Hinteres Sonnwendjoch** (Thiersee) 41 __________

54 1956 m **Ebner Joch** (Wiesing) 58 __________

55 1956 m **Gampenkogel** (Brixen im Thale) 14 __________

56 1907 m **östl. des Rosskogels** (Kramsach) 38 __________

57 1893 m **36 m nördl. der Gratlspitze** (Brixlegg) 24 __________

58 1828 m **Hohe Salve** (Söll) 30 __________

59 1812 m **Feldberg** (Schwendt) 2 __________

60 1773 m **Unterberghorn** (Kösse) 1 __________

61 1740 m **Durrajoch** (Buch in Tirol) 74 __________

62 1738 m **Durrajoch** (Schlitters) 73 __________

63 1733 m **östl. des Blessenbergs** (Breitenbach am Inn) 37 __________

64 1670 m **Oberwallerwand** (St. Jakob in Haus) 9 __________

65 1645 m **Köglhörndl** (Langkampfen) 34 __________

66 1637 m **Hundsalmjoch** (Angerberg) 35 __________

67 1636 m **östl. des Hundsalmjochgipfels** (Mariastein) 36 __________

| | | | |
|---|---|---|---|
| 68 | 1634 m | **Durrjoch** (Uderns) 69 | |
| 69 | 1619 m | **östl. des Walderjochs** (Terfens) 53 | |
| 70 | 1597 m | **Spitzstein** (Erl) 44 | |
| 71 | 1589 m | **Großer Pölven** (Schwoich) 32 | |
| 72 | 1588 m | **Großer Pölven** (Bad Häring) 31 | |
| 73 | 1579 m | **Rauer Kopf** (Reith bei Kitzbühel) 12 | |
| 74 | 1539 m | **Hochköpfl** (Rettenschöss) 45 | |
| 75 | 1513 m | **westl. des Speicherteichs** (Bruck am Ziller) 76 | |
| 76 | 1498 m | **westl. des Grassbergjöchls** (Radfeld) 25 | |
| 77 | 1430 m | **Nordwestrücken der Hohen Salve** (Itter) 13 | |
| 78 | 1420 m | **nordwestl. d. Kragenjochs** (Kundl) 27 | |
| 79 | 1361 m | **südwestl. des Larchkopfes** (Strass im Zillertal) 75 | |
| 80 | 1232 m | **nordwestl. d. Sonnberger Jöchls** (Wörgl) 28 | |
| 81 | 1181 m | **Juffinger Jöchl** (Kirchbichl) 29 | |
| 82 | 1056 m | **nördl. von Praschberg** (Niederndorferberg) 43 | |
| 83 | 881 m | **nordwestl. der Dristalaste** (Stumm) 77 | |
| 84 | 879 m | **Leitnerbachgraben** (Fügen) 72 | |
| 85 | 805 m | **nordöstl. von St. Peter** (Weer) 59 | |
| 86 | 762 m | **südöstl. des Erbhofs Daxau** (Niederndorf) 42 | |
| 87 | 622 m | **Haslach, Hausnummer 5** (Angath) 33 | |
| 88 | 609 m | **südl. der Burgruine** (Rattenberg) 26 | |
| 89 | 602 m | **nahe Gerlosstraße** (Zell am Ziller) 82 | |

## Gemeinden

**Achenkirch** Stuhlböcklkopf (2168 m) 56

**Alpbach** Galtenberg (2424 m) 22

**Angath** Haslach, Hausnummer 5 (622 m) 33

**Angerberg** Hundsalmjoch (1637 m) 35

**Aschau im Zillertal** östl. des Wimbachkopfes (2439 m) 67

**Aurach bei Kitzbühel** Gamshag (2178 m) 16

**Bad Häring** Großer Pölven (1588 m) 31

**Brandberg** Reichenspitze (3303 m) 86

**Brandenberg** östl. der Guffertspitze (2192 m) 40

**Breitenbach am Inn** östl. des Blessenbergs (1733 m) 37

**Brixen im Thale** Gampenkogel (1956 m) 14

**Brixlegg** nördl. der Gratlspitze (1893 m) 24

**Bruck am Ziller** westl. des Speicherteichs (1513 m) 76

**Buch in Tirol** Durrajoch (1740 m) 74

**Ebbs** Vordere Kesselschneid (2000 m) 47

**Eben am Achensee** Sonnjoch (2457 m) 52

**Ellmau** Ellmauer Halt (2341 m) 49

**Erl** Spitzstein (1597 m) 44

**Fieberbrunn** Wildseeloder (2117 m) 15

**Finkenberg** östl. vom Hochfeiler (3507 m) 89

**Fügen** Leitnerbachgraben (879 m) 72

VERLAG ANTON PUSTET

„Ein Muss für Gipfelsammler!“
(Österreichische Alpenzeitung 2019)

## Salzburg Summits

Dieser Berg-, Wander-, Skitouren- und Radführer ist der perfekte Begleiter für die Erkundung aller 119 „Salzburg Summits“. Variantenreiche Anstiege, zumeist von den Standortgemeinden aus mit Foto und Karte beschrieben, sowie eine Gemeinde- und eine Gipfelliste eröffnen garantiert neue Ausflugsziele von Oberndorf (445 m) bis Neukirchen am Großvenediger (3657 m)!
Die Bandbreite reicht dabei vom leicht mit dem Fahrrad erreichbaren Moränenhügel des Alpenvorlandes und anspruchsvollen Wandertouren bis zum einen oder anderen Kletteranstieg.

368 Seiten, 11,5 x 18 cm
französische Broschur, durchgehend farbig bebildert
mit Kartenausschnitten
ISBN 978-3-7025-0929-3, € 24,–

**Wandern. Radeln. Skibergsteigen – auf zu weiteren Gipfeln!**

## Osttirol Summits

Man mag meinen: Ein Bergbuch über Osttirol zu schreiben sei wie Eulen nach Athen zu tragen. Doch weit gefehlt! Die „Osttirol Summits" bieten eine vollständige Liste der jeweils höchsten Punkte aller 33 Osttiroler Gemeinden, die als Berg-, Ski- oder Radtour erklommen werden können. Damit füllt dieser Bergtourenführer in komprimierter Form eine Wissenslücke und ist so ein Muss für Gipfelsammler:innen! Genießen Sie 75 Wander-, Rad- und Skitouren, der niedrigste Summit in Osttirol liegt bereits auf über 2000 Metern!

192 Seiten, 11,5 x 18 cm
französische Broschur, durchgehend farbig bebildert
mit Kartenausschnitten
ISBN 978-3-7025-1054-1, € 12,95

## Bildnachweis

Daniela Atzl: 21, 91 (Bildmitte im Hintergrund der Große Beil), 162 (gut versicherter Steig durch das Winkelkar auf den Zahmen Kaiser);
Florian Colutto: 37, 40 (Ausblick über den ausgesetzten Gipfelgrat zur Pyramide des Mitterhorns);
Brigitte Eder: 146 (Gipfelkreuz am Guffert);
Hannes Gabmaier: 227, 230, 233, 240 (Doppelsummit Wimbachkopf);
Matthäus Grabner: 164;
Reinhold Oblak: 203;
Gabriel Seitlinger: 18, 41, 44, 47, 50, 53, 59, 62, 63 (Wildsee und Wildseeloderhaus), 65, 68, 71, 92/93, 96, 104, 106, 107 (am westlichen Rücken Richtung Schönberger Joch), 117, 120 (Peppenau mit Blick auf den Wilden Kaiser), 124, 142, 148, 151, 153, 155, 158, 161, 167, 170 (auf dem 6. Turm am Kopftörlgrat), 180, 182/183 (Panorama vom Vomper Summit; links die Birkkarspitze), 210, 216, 217 (Rastkogel), 219, 221 (Blick zum Rastkogel), 224, 226 (Summit [Markierung im Vordergrund] und Gipfel des Marchkopfes), 231 (Blick zum Wimbachkopf), 236, 237 (Durrjoch von der Zillertaler Höhenstraße aus), 242, 245, 247, 249, 253, 255, 260, 261 (vom Kellerjoch Richtung Gratzenkopf), 264, 267, 273 (auf dem Dristenkopf, im Hintergrund der Galtenberg), 274, 279 (Kreuzjoch), 280, 284, 285 (niedrigster Summit aller 277 Tiroler Gemeinden), 286, 290, 293, 296, 302, 306;
Anna & Eduard Welebil: 56, 80, 83 (Blick von der Öfeleralm zum Torhelm), 88, 109, 111 (Der Rucksack markiert den Summit von Wörgl), 112, 128 (Der Summit ist nicht beim Gipfelkreuz, sondern 16 Meter nördlich der Feuerstelle in den Latschen), 129, 132;
Irene Welebil: 9, 13, 24, 27, 30, 32 (Maukspitze), 34, 35 (Blick zurück in das Aufstiegskar), 75, 78 (Der Summit an unscheinbarem Punkt auf dem Grat), 95, 99, 102, 114, 121, 122 (Großer Pölven von der Hohen Salve), 126, 135, 138, 140 (Zireinersee), 145, 171, 173, 175 (Auf dem Gipfelgrat zum Treffauer), 184, 185 (Der Aufstieg zum Bärenlahnersattel über steile Wiesen), 187, 189 (Blick vom Summit in Terfens ins Karwendel), 190, 193, 196, 197 (Blick vom Stuhlböcklkopf zum Hochiss), 199, 205, 207, 213, 243 (die letzten Sonnenstrahlen am Gipfel), 270, 277, 299